La méridienne de France

et

L'aventure de sa prolongation jusqu'aux Baléares

5-7, rue de l'École-Polytechnique ; 75005 Paris

http://www.librairieharmattan.com
diffusion.harmattan@wanadoo.fr
harmattan1@wanadoo.fr

ISBN : 978-2-296-03874-5
EAN : 9782296038745

Pierre BAYART

La méridienne de France

et

L'aventure de sa prolongation jusqu'aux Baléares

L'Harmattan

Acteurs de la Science

Collection dirigée par Richard Moreau

La collection Acteurs de la Science est consacrée à des études sur les acteurs de l'épopée scientifique moderne ; à des inédits et à des réimpressions de mémoires scientifiques anciens ; à des textes consacrés en leur temps à de grands savants par leurs pairs ; à des évaluations sur les découvertes les plus marquantes et la pratique de la Science.

Dernières parutions

Claude Brezinski, *Comment l'esprit vient aux savants*, 2007.
Serge Boarini, *Introduction à la casuistique*, 2007.
Agnès Traverse, *Le projet SOLEIL*, 2007.
Shefqet Ndroqi, *Une vie au service de la vie, mémoires d'un médecin albanais (1914-1997)*, 2007.
Ludovic Bot, *Philosophie des sciences de la matière*, 2007.
Général d'armée Jean-Pierre Kelche, Grand Chancelier de la Légion d'honneur (sous la présidence de), *Les Maisons d'éducation de la Légion d'honneur : deux siècles d'apport à l'instruction et à l'éducation des jeunes filles*. Actes du Colloque organisé à l'occasion du Bicentenaire des Maisons d'éducation de la Légion d'honneur, Saint Denis, 5 avril 2006, paru 2007.
Jean-Paul Martineaud, *De Vincent de Paul à Robert Debré. Des enfants abandonnés et des enfants malades à Paris*, 2007.
Joseph Averous, *Sur mer et au delà des mers. La vie d'une jeune médecin de Marine, 1888-1904*, préface de Jean Kermarec, 2006.
André Krzywicki, *Un improbable chemin de vie*, 2006.
Joseph Averous, *Marie-Joseph Caffarelli (1760-1845), Préfet maritime à Brest sous le Consulat et l'Empire*, 2006.
Claude Brezinski, *Histoires de sciences. Inventions, découvertes et savants*, 2006.
Paul Germain, *Mémoire d'un scientifique chrétien*, 2006.
Marc de Lacoste-Lareymondie, *Une philosophie pour la physique quantique*, 2006.
Jean-Paul Moreau, *Un Pasteurien sous les tropiques*, 2006.
André Audoyneau, *Le Docteur Albert Schweitzer et son hôpital à Lambaréné. L'envers d'un mythe*, 2005.
Jacques Verdrager, *L'OMS et le paludisme. Mémoires d'un médecin spécialiste de la malaria*, 2005.

Sommaire

PRÉFACE

On sait que sous l'impulsion de la Convention Nationale, et des savants républicains, la France fut à l'origine du système métrique. Or la définition du mètre y est liée à la longueur du méridien terrestre. Il fallait donc déterminer avec précision cette longueur. Une vieille histoire, bien antérieure à cette exigence métrologique ! Ératosthène d'abord, au IIIème siècle avant notre ère, opère le long du Nil. La Terre était alors considérée comme sphérique ; une portion de méridien en valait une autre. Aux XVIIème et XVIIIème siècles, Picard, Lacaille, Cassini sont les pionniers de la géodésie mondiale. Mais le débat, souvent plein d'animosité, entre cartésiens et newtoniens sur l'aplatissement de la Terre conduit l'Académie des Sciences à organiser deux missions, l'une en Amazonie (en 1735, avec Godin, Bouguer, La Condamine), l'autre en Laponie (en 1736, avec Maupertuis, Clairaut, Celsius). Le résultat est clair ; la Terre est aplatie en ses régions polaires. Newton triomphe!

Une mesure plus précise encore du méridien terrestre apparaissait nécessaire - une mesure aussi étendue que possible en latitude, faite dans les latitudes "moyennes", et que l'on pourrait extrapoler avec les données acquises sur l'aplatissement du globe. Ce fut l'expédition approuvée dès 1791 par l'encore roi Louis XVI, entre Dunkerque et Barcelone, et poursuivie par la Convention, exigée qu'elle était par les besoins de la définition du nouvel étalon, le mètre.

Jean-Baptiste Delambre (1749-1822) et Pierre Méchain (1744-1804) furent les premiers héros de cette expédition française parfois aventureuse, de 1792 à 1799. Le pauvre Méchain en pâtit durement. Ne fut-il pas accidenté (au point d'y perdre l'usage d'un bras), et prisonnier des Espagnols, en guerre contre la France ? Une fois faites les déterminations utilisées comme base du système métrique, Méchain, un homme passionné, tourmenté, obstiné, se proposa de faire mieux encore une fois la paix revenue, et donc de mesurer un arc de méridien qui fut vraiment symétrique par rapport à la latitude moyenne de 45°. En effet, Barcelone n'était pas assez au sud pour cela. Il fallait aller aux Baléares, de préférence à Cabrera, plus proche du méridien qu'Ibiza. Méchain s'embarque… Mais les projets de Méchain n'aboutissent pas. La fièvre attaque, et Méchain est atteint. Il ne s'arrête pas pour autant, mais la mort le rattrape le 20 septembre 1804. Napoléon est occupé à ses campagnes à l'Est. Et le projet avorte.

Les expéditions géodésiques cependant restent nécessaires. Cela est une exigence universelle, non limitée aux seuls astronomes français. Svanberg en Laponie, en 1803 et Mudge en Angleterre, en 1812, complèteront les données de l'expédition française. Mais les Baléares restent un objectif prioritaire, dans une Europe en pleine agitation guerrière.

Les hommes des Baléares furent, entre 1806 et 1808, Jean-Baptiste Biot et François Arago. Une histoire circule sur la vocation de ce dernier : légende ou vérité ? On raconte parfois que c'est lors du passage par Estagel, dont le père d'Arago était maire, que Méchain arriva à attirer vers l'astronomie le très jeune Arago, qui avait alors à peine huit ans, et qui démontait et remontait les instruments de l'expédition. Biot et Arago, cet homme jeune et ce jeune homme, décident le Bureau des longitudes à entreprendre l'expédition des Baléares. Les crédits sont ouverts en mai 1806. Ils seront accompagnés de José Rodriguez (1770-1824), astronome espagnol, qui résida alors à Ibiza.

C'est aux passionnantes expéditions de ces trois hommes que cet ouvrage est consacré. Les îles Baléares ne sont guère vivables que depuis une vingtaine d'années, débarrassées des conflits avec les corsaires, apparemment maghrébins et turcs. La guerre européenne intervient de temps en temps pour freiner les travaux, dans la mesure où elle suscite des mouvements anti-français en Espagne et en Catalogne. Les nouvelles circulent difficilement. Ibiza cependant semble paisible, et hospitalier. En été 1806, les corsaires sont pourtant toujours là, et les Ibizains doivent se défendre contre leurs incursions.

Des étapes successives de ces travaux, Pierre Bayart trace une remarquable narration, aux accents picaresques. Le 21 octobre 1805, ç'avait été Trafalgar. Le 3 septembre 1806, Arago, Biot et Rodriguez partent pour Barcelone... Victoire d'Iéna, le 14 octobre, et le 23, départ de Biot pour Ibiza. Comme une sorte de contrepoint, le récit, quasiment vernien[1], nous entraîne en un séduisant périple, de triangles en émeutes, et de répression en triangles, - de triangles encore à la prise de Buenos-Aires par les Anglais, et de l'avance de l'armée prussienne sur Dresde à de nouveaux triangles, dans une atmosphère alourdie par la suspicion et la crainte. La campagne

[1] Jules Verne s'était fortement intéressé aux mesures de méridien et à cette portion de la Méditerranée occidentale. Pierre Bayart évoque *Hector Servadac*, - dont un protagoniste est issu de Formentera -, *Les aventures de trois Russes et de trois Anglais*, - des géodésiens mesurant en Afrique australe un arc de méridien -, ou *Clovis Dardentor*, qui fit escale en baie de Palma de Majorque. Mais on peut citer aussi *les Aventures de Maître Antifer*, dont une partie se déroule dans cette portion de la Méditerranée, et bien sûr *Mathias Sandorf*.

de 1807, la troisième de Biot, sera la plus heureuse. Mais les conditions sont dures. On dispose de peu de chariots pour transporter le matériel. Les chemins ne sont guère carrossables. On utilise alors des brancards, ou l'on met à contribution le dos des ânes et des mulets insulaires... Et l'on construit les triangles.

Triangles, triangles, triangles... Dix-sept triangles ponctuent la mise en carte de ce méridien maritime ; d'une île, on vise les sommets des autres îles, ou ceux de la côte valencienne ; on relie Montjuich (à Barcelone) à Montsia, proche de l'embouchure de l'Ebre, via une kyrielle de triangles, par le Desierto, par Montgo... De Camp Vell (à Ibiza), on vise la Mola (à Formentera), ou encore Montgo, près de Denia, en pays valencien... Cette savante élaboration, menée malgré les difficultés avec un soin et une précision extrêmes, guide les voyages. Une documentation abondante (lettres, récits de contemporains) rapproche le lecteur des astronomes. On les suit pas à pas dans leurs savants travaux sur des mers dangereuses et sur des sentiers rocailleux...

Mais en 1808, l'Espagne et la Catalogne sont de plus en plus agitées. C'est la chute du régime inique et autoritaire de Manuel Godoy. A Majorque, on chansonne les usurpateurs, et l'on fait brûler leurs voitures. Puis, c'est la conquête napoléonienne, qui provoque de sanglantes émeutes, et une répression parfois atroce. La suspicion pèse sur les travaux des astronomes : des signaux géodésiques ne seraient-ils pas plutôt des signaux aux vaisseaux de guerre ennemis ? Biot revient en France et garde un très amer souvenir de ses séjours en Catalogne et aux Baléares. Arago, lui, est emprisonné pendant deux mois (pour sa sécurité?) après une fuite rocambolesque, déguisé en marinier ; puis il est extradé ; c'est vers l'Algérie qu'il doit faire voile. Il y est retenu longtemps et ne débarque à Marseille qu'en juillet 1809.

Pierre Bayart mêle, à la description de la progression géodésique, une relation très vivante de la vie sur l'archipel. Il évoque avec finesse la personnalité des nombreux protagonistes, savants et marins, politiciens et soldats, curés et pirates... L'histoire agitée de l'Espagne de ce début de XIXème siècle sous-tend le récit. Et cette suite parfois violente d'événements désordonnés, unis par ce seul lien des triangles associés, obstinément construits autour de la "méridienne bleue", est une bien belle chronique des îles Baléares de l'époque.

Jean-Claude Pecker,
membre de
l' Académie des Sciences

Avant-propos

La méridienne bleue

On appela méridienne, ou méridienne de France, la portion du méridien de Paris correspondant à son tracé sur terre. La ligne droite imaginaire qui passe à Paris venant du pôle Nord et allant croiser l'équateur à angle droit, survole la France dans toute sa longueur, depuis le port de Dunkerque jusqu'au-delà des Pyrénées, sur une plage proche de Barcelone.

En l'an 2000, on voulut matérialiser ce tracé de près de onze cents kilomètres en y plantant des arbres. Ce fut la méridienne verte. Dix mille jeunes plants furent mis en terre afin de commémorer l'histoire du méridien de Paris et l'aventure extraordinaire qu'il représenta pour la science et les savants français. C'est en effet sur le méridien de Paris qu'à la fin du dix-huitième siècle fut fondé le système métrique. Quand en 1790 les révolutionnaires français décidèrent, dans un esprit de justice et d'ordre, d'unifier les diverses unités de mesure en usage et créer un nouvel étalon, c'est sur le méridien de Paris qu'ils le fondèrent.

Ils disposaient là d'un outil déjà connu, déjà exploité et partiellement arpenté. On en avait déjà mesuré des segments pour mettre au point les premières cartes géographiques du royaume. On décida cette fois de mesurer entièrement la méridienne, de mer à mer : de Dunkerque à Barcelone. Un arc de plus de 9 degrés et demi. De la longueur de ces neuf degrés, mesurés en toises - l'étalon d'alors contesté par le nouveau régime - on extrairait la valeur des 90 degrés correspondant au quart du méridien terrestre choisi comme base du nouveau système. Cette longueur divisée par 10 millions serait le mètre.

Le mètre fut créé officiellement le 22 juin 1799, après sept ans de travaux. Pierre Méchain, qui s'était chargé en Espagne de la partie méridionale des opérations de mesure, eut le premier l'intuition que l'on pouvait les prolonger plus au sud. Méchain vit le premier qu'en prolongeant sur la mer la méridienne de France, on retrouvait terre, aux Baléares, sur une petite île voisine de Majorque, l'îlot de la Dragonera. On pourrait prolonger de plus de trois degrés la méridienne sur la mer et obtenir ainsi un mètre plus parfait, un étalon plus précis. L'astronome repéra l'île d'Ibiza, dont la position, à mi-distance de la côte d'Espagne, permettrait, par un grand triangle qui la joindrait au continent, de se rapprocher du méridien afin d'en poursuivre la mesure.

Méchain se rend à Ibiza en janvier 1804, au prix de mille difficultés et en dépit des épidémies qui ravagent chaque année les ports espagnols. Puis il passe le printemps et l'été à explorer les hauteurs de la côte du Levant en vue d'y installer les stations les plus propices à son projet. Mais, touché par la fièvre tierce, il est contraint d'abandonner ses travaux et meurt à Castellon au mois de septembre.

Îles Baléares et Pithyuses

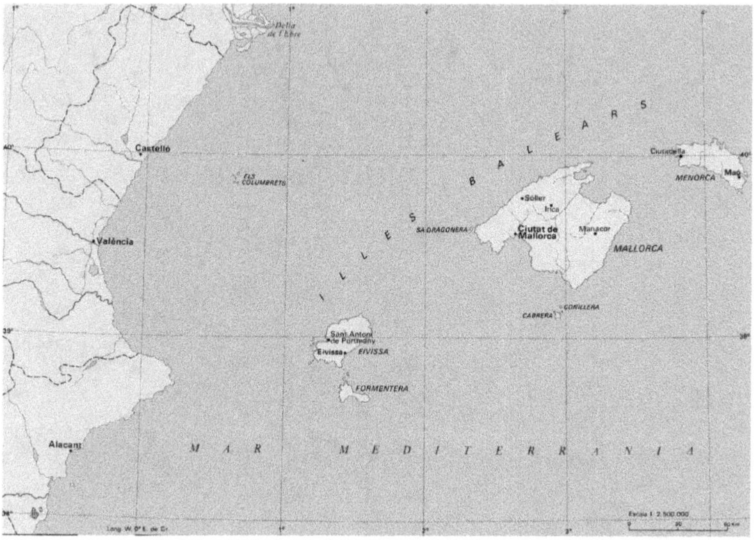

Les Baléares d'aujourd'hui sont constituées de quatre îles, Majorque la plus grande, centre de l'archipel, Minorque au nord, Ibiza au sud et, plus au sud encore, Formentera la plus petite des quatre. Les quatre îles autrefois étaient en fait deux archipels : les Baléares proprement dites, *Majorica* et *Minorica*, et les Pithyuses que forment Ibiza, Formentera et les îlots qui en dépendent.

Quelques méridiens remarquables

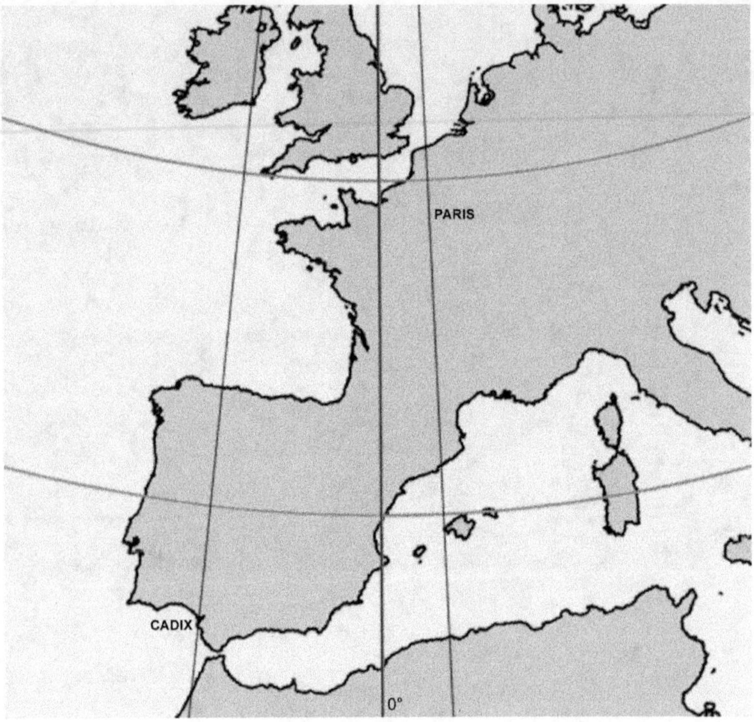

MÉRIDIENS DE CADIX, DE GREENWICH ET DE PARIS

C'est au congrès de Washington, en 1884, que les grandes nations maritimes se mirent d'accord pour adopter un système commun de calcul des longitudes. Étant utilisé depuis plus d'un siècle sur le territoire des États-Unis, de l'Inde, et de toutes les possessions anglaises, ce fut le méridien de Greenwich qui fit dès lors autorité. En adoptant en même temps l'usage des fuseaux horaires, ce fut à l'est et à l'ouest de la ligne passant par l'observatoire londonien que la plupart des marins, géographes et astronomes du monde entier comptèrent désormais les degrés servant à situer un point à la surface du globe terrestre.

L'Espagne, après avoir abandonné le méridien de Hierro[2], « à l'est duquel était situé l'ensemble du monde connu », situait la position de ses navires et de ses ports à l'aide du méridien de Cadix, créé à l'observatoire de San Fernando au dix-huitième siècle. La longitude du port d'Ibiza, par exemple, était alors passée de 19°30' Est, telle qu'elle est parfois donnée dans certains textes anciens, à 7°38', celle que fournissent Tofiño en 1787 et le géographe Vargas Ponce dans sa *Descripcion de las islas Pithiusas y Baleares*. Quand fut adopté le méridien de Greenwich, la longitude de la citadelle d'Ibiza se trouva désormais établie à 1°26' Est.

Les Français disposaient pour leur part à Paris du plus ancien observatoire astronomique, créé par Louis XIV en 1667, et le méridien de Paris constituait la référence cartographique sur tout le territoire national, les possessions de leur empire et le reste du monde exploré. La longitude d'Ibiza pour les Français était de 54' Ouest.

Dès sa création, c'est-à-dire depuis la création de l'Observatoire, le méridien de Paris se trouva affecté d'une particularité enviable, celle de s'étendre sur la plus grande longueur du territoire français et de plus de bénéficier sur la majeure partie de son tracé, d'un relief quasiment plat. Ces deux données géographiques permirent en effet des mesures du méridien que les astronomes et géodésiens français commencèrent d'effectuer dès le dix-septième siècle. On mesura d'abord des arcs partiels destinés à connaître les dimensions du territoire et à élaborer les premières cartes du

2 Voir Index des noms de lieux en fin d'ouvrage.

pays. Combinant la géométrie et l'astronomie, la géodésie était née. On commença de savoir combien mesurait un degré de latitude à la surface de la Terre. Une unité fixe de mesure, la toise, fut créée. En 1740, on en établit une valeur précise, calculée sous l'équateur afin d'en fonder l'immuabilité, au cours de l'expédition franco-espagnole de La Condamine, Bouguer, Juan et Ulloa. On instaura le nouvel étalon : la toise du Pérou[3] équivalant à 1, 949 mètre.

Mais le mètre, l'unité par laquelle nous exprimons aujourd'hui la valeur de la toise, ce mètre n'existait pas encore. Il allait naître de la Révolution française.

---

[3] La toise se divise en 6 pieds, 1 pied = 12 pouces, 1 pouce = 12 lignes.

De tout temps, l'idée d'une mesure universelle et invariable, dont la nature fournirait elle-même la rigoureuse évaluation, a existé dans l'esprit des hommes. Il importait, en effet, que cette mesure pût être exactement retrouvée, quels que fussent les cataclysmes dont la Terre aurait été le théâtre. Très certainement, les anciens pensèrent ainsi, mais les méthodes et les instruments leur manquèrent pour exécuter cette opération

avec une approximation suffisante. Le meilleur moyen, en effet, d'obtenir une immuable mesure, c'était de la rapporter au sphéroïde terrestre, dont la circonférence peut être considérée comme invariable, et, par conséquent, de mesurer mathématiquement tout ou partie de cette circonférence.

Jules Verne
« Aventures de trois Russes et trois Anglais en Afrique australe»

Une commission de savants proposa à la toute nouvelle Assemblée Nationale que le nouvel étalon universel, tant souhaité, qu'elle nomma mètre, serait la dix millionième partie d'un quart du méridien terrestre, c'est-à-dire la distance comprise entre le pôle et l'équateur. L'Académie des Sciences fournit un rapport favorable à leur proposition et le présenta au roi Louis XVI qui l'approuva en mars 1791. De la mesure de 9° 40' considérés entre le port de Dunkerque et le Montjuich à Barcelone, on allait extrapoler la valeur exacte d'un quart de la circonférence terrestre et fonder sur celle-ci le nouveau système métrique.

Comment mesure-t-on un méridien ?

On s'est tout d'abord attaché à mesurer des arcs de méridien considérés entre deux points précis placés sur cette ligne. La latitude des deux termes de l'arc étant connue, on déduit la valeur d'un degré de cet arc, de laquelle on déduit la valeur de 90 degrés. Cette longueur permit de connaître les dimensions de la sphère terrestre.[4]

---

[4] Une moyenne des mesures réalisées au dix-huitième siècle établit la valeur d'un degré de méridien à 57.027 toises et celle du quart de méridien (90°) à 5.132.430

Les premières mesures d'arcs effectuées en France par ce qu'il faut bien appeler l'avant-garde mondiale de la géodésie, permirent donc de connaître après celles du globe terrestre, les dimensions du pays et de dresser des cartes du royaume. Sous Louis XIV déjà, l'administration royale disposait de plans et de cartes scientifiquement exacts et qui ne cessèrent de se perfectionner. Picard mesura l'arc Paris-Amiens en 1669 puis Lacaille et Cassini, par deux fois, l'arc Paris-Collioure en 1683 et 1737.

Comment mesure-t-on un arc de méridien ?

L'opération consistait à installer le long du méridien considéré des stations situées sur des points élevés facilement repérables et d'y dresser un signal que l'on visait depuis la station voisine afin de calculer à l'aide d'un instrument optique gradué l'angle formé entre ce signal et l'autre signal visible de ce point.

L'observateur, se déplaçant d'une station à l'autre, pouvait ainsi créer une succession de triangles dont il connaissait la longueur des côtés grâce à la mesure réelle sur le terrain d'un seul segment, appelé base, et une simple opération trigonométrique. Au début de son roman *Aventures de trois Russes et trois Anglais dans l'Afrique australe*, Jules Verne nous décrit de façon lumineuse l'ensemble de ces opérations :

Afin de faire mieux comprendre à ceux de nos lecteurs qui ne sont pas suffisamment familiarisés avec la géométrie ce qu'est cette opération géodésique, qu'on appelle une triangulation, nous empruntons les lignes suivantes aux

---

toises. Plus tard, quand le quart de méridien fut déclaré mesurer dix millions de mètres, la valeur du degré de méridien s'établit à 111, 111 km.

"Leçons nouvelles de Cosmographie" de M. H. Garcet, professeur de mathématiques au Lycée Henri IV. A l'aide de la figure ci-jointe, ce curieux travail sera facilement compris :

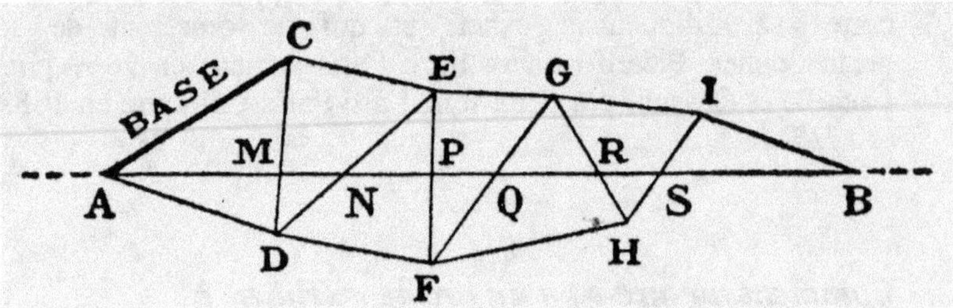

Soit AB l'arc du méridien dont il s'agit de trouver la longueur. On mesure avec le plus grand soin une base AC, allant de l'extrémité A du méridien à une première station C. Puis on choisit, de part et d'autre de la méridienne, d'autres stations D, E, F, G, H, I, etc. de chacune desquelles on puisse voir les stations voisines, et l'on mesure au théodolite, les angles de chacun des triangles ACD, CDE, EDF, etc., qu'elles forment entre elles. Cette première opération permet de résoudre ces divers triangles : car dans le premier on connaît AC et les angles, et l'on peut calculer le côté CD ; dans le deuxième, on connaît CD et les angles, et l'on peut calculer le côté DE ; dans le troisième, on connaît DE et les angles, et l'on peut calculer le côté EF, et ainsi de suite. Puis on détermine en A la direction de la méridienne par le procédé ordinaire, et l'on mesure l'angle MAC que cette direction fait avec la base AC : on connaît donc dans le triangle ACM le côté AC et les angles adjacents, et l'on peut calculer le premier tronçon AM de la méridienne. On calcule en même temps l'angle M et le côté CM: on connaît donc dans le triangle MDN le côté DM = CD - CM et les angles adjacents, et l'on peut calculer le deuxième tronçon MN de la méridienne, l'angle N et le côté

DN. On connaît donc dans le triangle NEP le côté EN = DE - DN, et les angles adjacents, et l'on peut calculer le troisième tronçon NP de la méridienne, et ainsi de suite. On comprend que l'on pourra ainsi déterminer par partie la longueur de l'arc total AB.

L'opération la plus grandiose fut la mesure de l'arc de 9° 40' du méridien de Paris entre Dunkerque et Barcelone qui allait donner naissance au nouveau système métrique décimal : la création du mètre, du litre et du kilogramme. Mesure révolutionnaire, nous l'avons dit, elle avait pour objectif d'unifier enfin la diversité des unités de mesure employées à travers tout le pays. Chaque produit vendu, chaque corps de métier, souvent chaque région, avait son propre système de poids et mesures.

Le bois à brûler se vendait à la corde ; le charbon de bois à la banne ; le charbon de terre à la bacherelle, l'ocre au tonneau et le bois de charpente à la marque ou à la solive. On vendait les fruits à cidre à la poinçonnée ; le sel au muid, au sétier, à la mine, au minot, au boisseau et à la mesurette ; la chaux se vendait au poinçon, et le minerai à la razière. On achetait l'avoine au picotin et le plâtre au sac ; on se procurait le vin à la pinte, à la chopine, à la camuse, à la roquille, au petit pot, et à la demoiselle. On vendait l'eau-de-vie à la potée ; le blé au muid et à l'écuellée. L'étoffe, les tapis et la tapisserie s'achetaient à l'aune carrée ; le bois et les prés se comptaient en perches carrées, la vigne en daurées. L'arpent valait douze hommées et l'hommée exprimait le travail d'un homme en un jour ; ainsi en allait-il de l'œuvrée. Les apothicaires pesaient en livres, en onces, en drachmes et en scrupules ; la livre valait douze onces, l'once huit drachmes, la drachme trois scrupules et le scrupule vingt grains. [5]

---

[5] Denis Guedj, *La Méridienne*, Editions Robert Laffont, 1987, Paris.

De sept à huit cents noms composent le vocabulaire des poids et mesures de l'ancien régime de toute la France. Selon Enric Moreu-Rey, en Espagne, il en est de même :

Rien qu'en Catalogne, pour mesurer les surfaces, plusieurs systèmes étaient en vigueur : à Barcelone (ainsi qu'au Pla de Llobregat, dans le Vallès et une partie du Maresme), on employait la mujade (équivalant à 49 ares), qui se subdivisait en quartes et mundines. Mais dans le Vallès également, une partie du Maresme, la plaine de Vic, le Lluçanes, le Bergueda, le Bages, Olot et Camprodon, la mesure agraire était la quartera, divisée selon les endroits en quartes et quartans, eux-mêmes divisés en picotins et faiscelles. Dans d'autres contrées, on mesurait les terres en jornals (divisés selon le lieu en vingtiquatrins, ou en douze porques, ou en 4 ou 8 quartes, ou en 16 seyons, ou en 4 ou 6 fanecades, ou en cent centimes). Aux îles Baléares, on employait pour cela ou bien la quarterade, ou bien le diestre de superficie... On utilisait la vessane royale, la vessane de seigneur ou de comte, la canne du roi, l'aimenade, la brasse royale ou la catissade, le cavaillon, les lieues d'herbe ou de terre, des pareillades, sabens, sorts, taulles, etc. Dans le reste de la Péninsule ibérique la situation n'était pas moins chaotique : tahulles, fanègues, et aussi labourées, heubrées ou jouguées, estadèles, pionnées, ferrades, émines, marcs, cavadures, jours de bœufs, ouvrées, robées, quartèles, almuds...

Le *pam*, ou *pam de destre*, mesure de longueur courante en Catalogne et dans toute l'Espagne, est trois centimètres plus long à Valence qu'ailleurs (variation de 19,4 cm et 22,6 cm). On a dénombré six sortes de lieue dans toute l'Espagne.

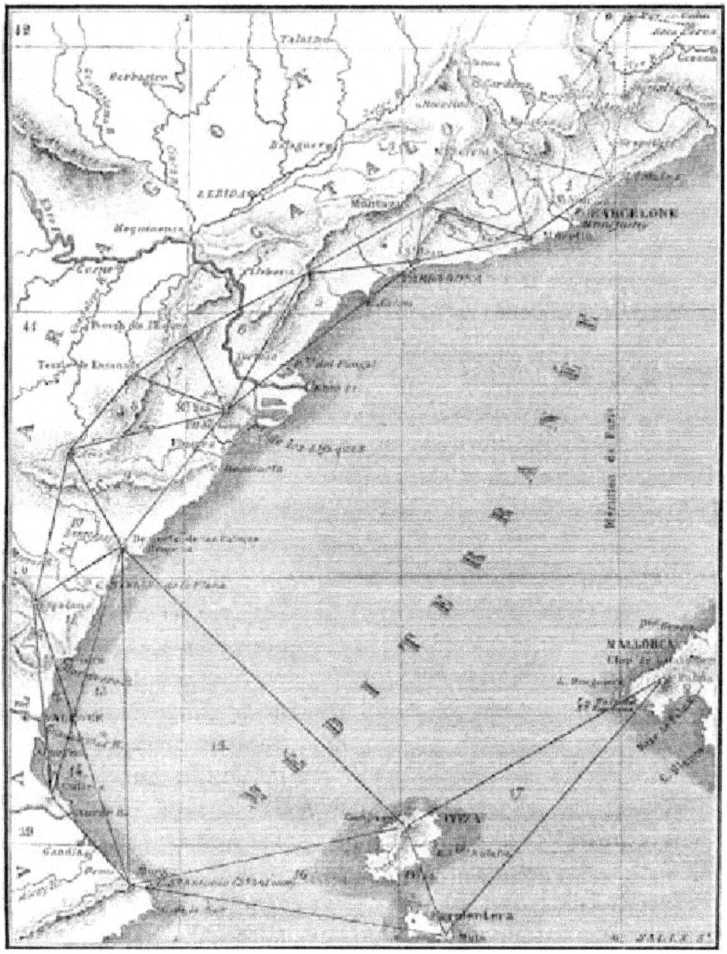

PLAN GENERAL DE LA TRIANGULATION 1806-1808 par Bigourdan (Observatoire de Paris)

La naissance du mètre

Sous le patronage de l'Académie des Sciences, le 24 juin 1792, deux astronomes, Jean-Baptiste Delambre et Pierre Méchain, quittèrent Paris, l'un vers le nord, l'autre vers le sud, en se donnant rendez-vous à Rodez où ils devaient se retrouver à la fin des opérations. Ils furent accompagnés tous deux d'un assistant bien entendu et aidés par des hommes embauchés sur place, au gré de leur déplacement le long du méridien. En pleine révolution. En pleine guerre aussi. Les hostilités déclenchées par l'Espagne contre la France en 1793 après l'exécution de Louis XVI retinrent Méchain prisonnier en Catalogne. Malgré cela, malgré l'accident qui lui interdit l'usage d'un bras et la vigilance des autorités, l'astronome ne resta pas inactif.

Connaissant les latitudes de Dunkerque et du Montjuich à Barcelone, on obtient la longueur de l'arc en degrés, minutes et secondes ; de la mesure totale de l'arc calculée grâce à la base réellement mesurée sur le terrain, on extrait la valeur d'un degré en toises ; on connaît ainsi la valeur de 90°, en toises toujours ; on la divise par 1 million. Cela donne un peu plus d'une demi-toise : 3 pieds, 11 lignes, 296 /1000. On fabrique une règle-prototype ayant cette longueur : c'est le mètre. Sa 10e partie au cube pleine d'eau est un litre et pèse un kilogramme.

En collaboration avec un groupe de savants catalans, il engagea ce qui était et allait être le projet de toute sa vie : considérer et mesurer un arc du méridien de Paris dont le milieu serait situé au niveau du 45e parallèle. Les toutes dernières recherches sur la forme de la Terre affirmaient en effet que la mesure d'un tel segment permettrait de faire abstraction de l'aplatissement du globe aux pôles. La valeur du degré de méridien serait théoriquement la même à 6 degrés 10 minutes au nord du 45e parallèle, à la latitude de Dunkerque et à 6°10 au sud, comme si la Terre était parfaitement sphérique. D'où une garantie d'exactitude en principe absolue dans le calcul de la valeur du nouvel étalon. Six degrés dix minutes au sud, on le voit sur la carte, mène à la latitude de l'île d'Ibiza, aux Pithyuses. Méchain penchait en fait pour Cabrera dont il savait la facilité d'accès depuis Palma de Majorque. L'autre avantage de Cabrera étant aussi sa proximité avec le méridien lui-même qui passe à la Dragonera. Méchain estima que l'on pourrait se satisfaire d'une symétrie à 39° 10', au lieu des théoriques 38° 50.

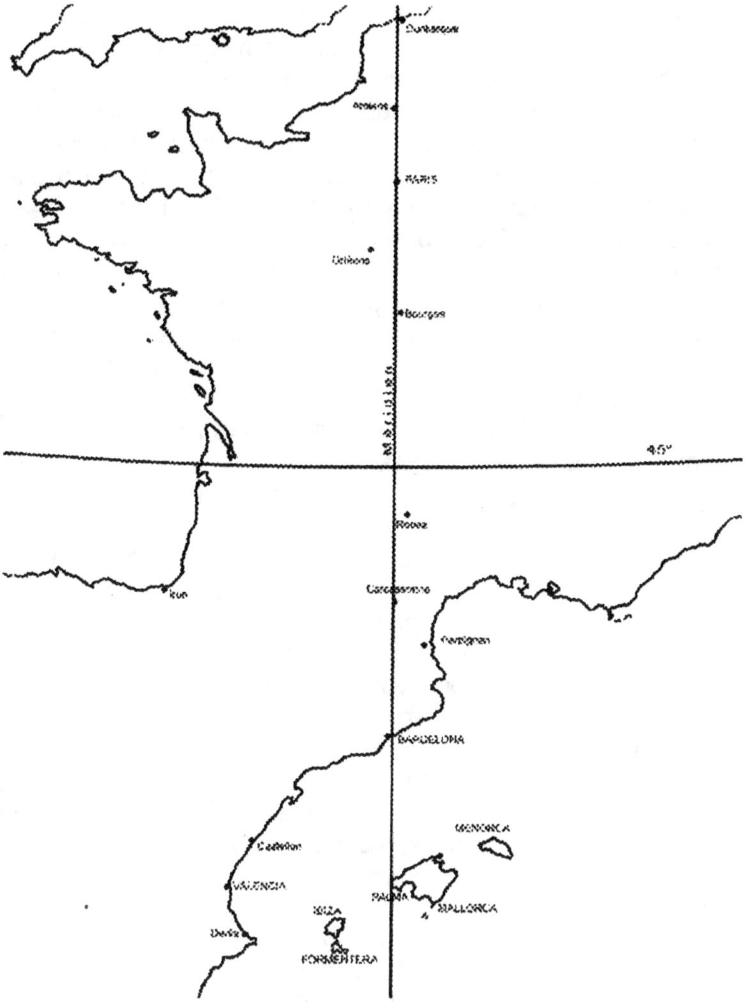

SYMÉTRIE PAR RAPPORT AU 45e PARALLÈLE. Le centre de l'arc de méridien considéré jusqu'à Formentera sera situé approximativement sur le 45e parallèle.

Bénéficiant de l'aide des autorités militaires et maritimes qui lui sera refusée l'année suivante, et malgré le handicap de son bras, il fait envoyer un navire à Majorque commandé par le capitaine Gonzalez, assisté de José Chaix, vice-directeur de l'observatoire de Madrid, l'un des astronomes espagnols les plus actifs du moment. Ces derniers allument des réverbères au sommet de la Silla Torrellas (le Puig Major, haut de 1 443 mètres) que Méchain observera depuis le Montjuich à Barcelone le 16 décembre 1792, à près de cent toises de distance, environ 185 km. La première liaison visuelle entre les îles et le continent était établie. Mais la faiblesse de l'optique des instruments empêchait sur une telle distance toute tentative de triangulation.

Le retour de la paix, l'achèvement de la mesure de l'arc Dunkerque-Barcelone et l'établissement du mètre obtenu en juin 1799 ne mirent pas fin au désir des astronomes français d'opérer la prolongation aux Baléares méditée par Pierre Méchain. Devenu directeur de l'observatoire de Paris et président du Bureau des longitudes (BdL), Méchain poursuivit ses calculs et projeta une nouvelle expédition en Espagne. Il s'agirait cette fois d'engager résolument la triangulation des îles Baléares avec le continent, afin d'y situer l'extrémité sud de l'arc du méridien de Paris de 12° 20 dont Dunkerque était l'extrémité nord.

En septembre 1802, au nom du Bureau des longitudes, Pierre Méchain présente au Premier Consul, Napoléon Bonaparte, un document exposant sa proposition de prolonger l'arc de méridien au sud de Barcelone :

> *L'arc de méridien compris entre Dunkerque et Barcelone, qui a été mesuré conformément au décret de l'Assemblée Nationale pour en déduire la grandeur du quart du Méridien, dont la dix millionième partie est le mètre, ou unité de mesure linéaire, est de 9 degrés, 40 minutes, deux tiers. Si les deux extrémités de cet arc eussent été à égales distances du pôle et de l'équateur, on aurait pu conclure*

directement de sa grandeur, celle du quart du méridien elliptique, sans avoir besoin de connaître le rapport des axes. Mais à ce défaut, on a été obligé de déterminer ce rapport par la comparaison du même arc avec celui de 3 degrés mesuré précédemment au Pérou, à peu près sous l'équateur même, par des académiciens français.

Cependant on avait conçu l'espérance de pouvoir prolonger le nouvel arc, qu'on allait mesurer, assez pour qu'il fût partagé en deux parties égales par le 45ème parallèle, en l'étendant jusqu'à la partie nord-ouest de l'île d'Ivice, ou jusqu'à la petite île de Cabrera, qui est au sud et près de Majorque. En effet, dès que le citoyen Méchain eut été rendu en Catalogne, il s'assura que des sommets de plusieurs montagnes, qui sont près des côtes de cette province, entre Barcelone et Tortose, on apercevait distinctement les montagnes de Majorque et d'Ivice. En conséquence, il avait formé le canevas des triangles nécessaires pour effectuer la prolongation, mais plusieurs obstacles et principalement celui de la guerre avec l'Espagne s'opposèrent au succès de cette opération. La commission de l'Institut National pour les poids et mesures, *en rendant compte des résultats de ses travaux au corps législatif, en a exprimé son regret et le désir que cette prolongation de la méridienne de France fût exécutée dès que les circonstances le permettraient.*

La paix générale, l'union intime de l'Espagne avec la France, offrent maintenant toutes les facilités pour compléter par là une si belle opération et la plus grande qu'on ait jamais entreprise. Le Bureau des Longitudes, dont la plupart des membres étaient de la commission des poids et mesures, se sont empressés d'en faire la proposition.
Les avantages qu'on en retirerait seraient :

1. D'ajouter un arc de deux degrés un tiers, à celui déjà mesuré et de porter l'arc total à 12 degrés, ou plus d'un huitième du quart de la circonférence de la Terre.

2. *Que cet arc, se trouvant partagé en deux parties égales par le 45e parallèle, on aurait le moyen de déterminer la longueur du quart du méridien sans avoir besoin de connaître exactement le rapport des axes de la Terre, et on retirerait même de nouvelles lumières sur ce rapport.*[6]

3. *Que l'île d'Ivice, terme méridional de l'arc, étant à peu près au milieu de l'espace de mer compris entre les côtes de Catalogne et de Barbarie, on n'aurait point à craindre que les observations de latitude y fussent altérées par l'inégalité d'attraction de la part des eaux et des terres du continent, comme cela a pu avoir lieu pour les observations semblables faites au Montjuich près de Barcelone.*[7]

Méchain quitte Paris en avril 1803, accompagné de son fils Augustin et de son assistant Dezauche pour se rendre à Barcelone et mettre en œuvre une chaîne de triangles en Catalogne susceptible de réaliser la jonction avec l'archipel. Les premières ébauches de son projet montrent l'établissement d'une station au Montsià, à l'embouchure de l'Ebre, à laquelle se joindraient celles qu'il se proposait de créer à Majorque et à Ibiza. Un triangle interne à l'archipel devait unir le Puig Major, le Puig des Maçons à Ibiza et le château de Cabrera. Restait à se rendre sur place afin de vérifier la faisabilité du projet.

---

6 Ce terme de « rapport des axes » fait référence à la nécessité, dans la mesure d'un arc à la surface du globe terrestre, de tenir compte de l'aplatissement de celui-ci aux pôles.

7 Archives Nationales, CARAN, Paris, F17, n° 3712.

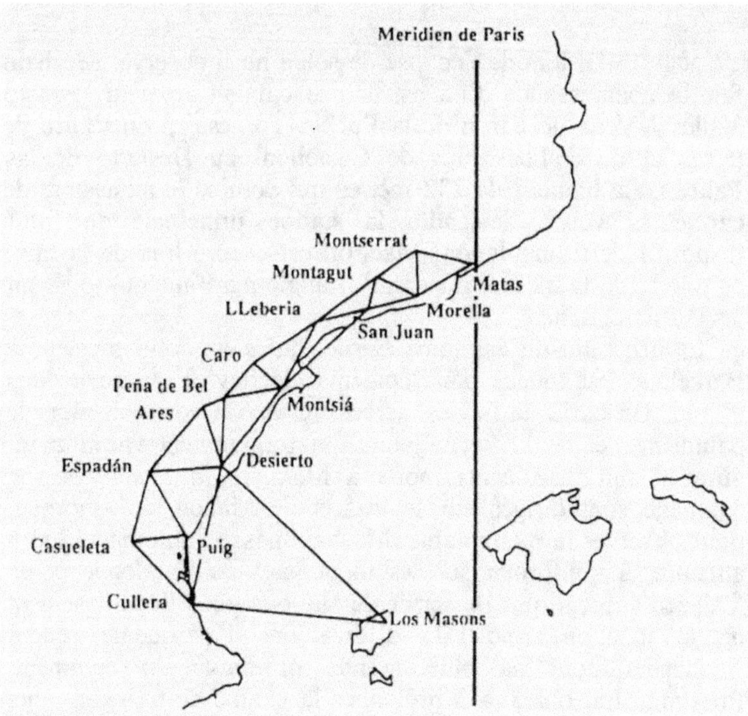

ÉTAT DU PROJET DE TRIANGULATION DE MÉCHAIN EN 1804

Malgré l'accord obtenu par le gouvernement français auprès de la cour de Charles IV et la signature de son ministre Godoy autorisant les opérations en terre espagnole, une série de retards, d'obstacles et de difficultés surgissent dès l'arrivée de Méchain à Barcelone. Le brigantin *La Prueba*, destiné à la traversée qu'il veut effectuer immédiatement aux Baléares tarde à venir de la base de Carthagène. Ayant reçu en août l'autorisation de descendre au Montsià pour entamer les observations, l'astronome constate qu'il y a peu de chance d'établir un lien visuel avec Ibiza, décidément trop au sud. Le

17 août 1803, lors de l'éclipse de soleil qu'il observe, Méchain fait la connaissance d'un astronome catalan amateur, Fausto Vallès i Vega, le baron de la Puebla Tornesa, propriétaire de terres et de collines près de Castellon, au Desierto de las Palmas. La hauteur de 732 mètres qui domine le monastère de carmélites voisin deviendra la station principale du futur dispositif de triangulation. Mais on est encore loin de la mise en œuvre de la mesure du grand triangle maritime qui joindrait les îles au continent.

Le brigantin du capitaine Enrile, qui s'est enfin présenté à Barcelone, est touché par l'épidémie de fièvres qui sévit dans le sud. On parle de fièvres tierces, tel qu'on nommait alors le paludisme, et de la fièvre jaune qui frapperaient Gibraltar et auraient fait trois cents morts à Màlaga. *La Prueba* et son équipage sont dirigés sur le lazaret de Mahon, à Minorque, pour observer la quarantaine. Méchain passe l'automne 1803 à attendre, à s'informer sur les montagnes de Catalogne et de Valence susceptibles de servir de stations pour l'établissement de la jonction avec l'île d'Ibiza que l'astronome retient finalement pour sa plus grande proximité du continent. Proximité qui obligera à prolonger la chaîne de triangles plus au sud que prévu. Finalement, en janvier 1804, le gouvernement espagnol met à sa disposition un autre navire, l'*Hypomenes*, qui quitte Barcelone le lundi 9 par mauvais temps.

Nous n'avons été en vue de la partie nord-est d'Yvice que le jeudi 12 janvier au matin. Du calme, du vent contraire, puis une grosse mer nous ont fait employer pour cette route trois jours et demi, au lieu d'un seul qui suffit par un temps favorable, mais je ne suis pas accoutumé à être favorisé dans cette expédition-ci. Le commandant, jugeant qu'il était impossible de lutter contre le vent et la mer pour gagner le port d'Yvice, dont nous étions distants pourtant que de quatre à cinq heures, chercha un refuge dans la Cala de San Juan au nord-est de Tagomago et proche de la Punta Grossa, tout à l'extrémité nord-est d'Yvice et l'on y mouilla tant bien que mal. On envoya tout de suite à terre ; mais les paysans bien armés ne voulurent point permettre de débarquer, ni même recevoir une lettre qu'on avait préparée pour l'envoyer au gouverneur de l'île ; ils objectèrent que toute communication avec des bâtiments venant de la mer, de quelque nature qu'ils fussent, leur était défendue sous les peines les plus grandes, qu'ils ne pouvaient pas même recevoir un simple billet ouvert. Il n'y eut pas plus moyen d'avoir du pain et d'autres vivres, dont nous manquions, parce qu'on n'en avait embarqué des frais que pour deux à trois jours. Le second jour on obtint qu'ils enverraient un exprès à la ville, dire verbalement au gouverneur qu'il était arrivé là un bâtiment du roi, destiné pour le port, qui demandait des secours, et la permission, pour un officier et moi, de débarquer pour traverser l'île et se rendre à la ville. L'exprès ne fut de retour que le dimanche 15 au soir et répondit, aussi verbalement, que le gouverneur permettait au commandant de se rendre à terre ; qu'on lui fît passer une lettre, qu'on nous laissât couper du bois, faire de l'eau, etc.

En conséquence, on dépêcha, la nuit même, un soldat du brigantin avec le même exprès que l'avant-veille, portant nos lettres et nos ordres, avec l'édit du Capitaine général de Catalogne concernant l'extinction de la maladie contagieuse à Barcelone qui avait répandu tant d'alarmes, et rétablissant la libre communication par mer avec cette ville, les îles, etc. Monsieur le gouverneur reçut ces papiers après les avoir fait bien vinaigrer, et répondit par écrit que nous pouvions débarquer, nous rendre par terre à la ville ; il y avait joint des ordres aux alcades pour nous en fournir les moyens, et des vivres frais pour le bâtiment. Cela nous arriva dans la nuit du 16 au 17. On avait déjà tenté trois fois de sortir de notre refuge pour gagner le port d'Yvice, mais le vent et la mer nous avaient toujours forcés de rentrer dans la cale ; je pris donc le parti d'aller à la ville par terre, avec un officier pour parcourir les montagnes de l'île, en attendant que le brigantin pût parvenir au port ; il le tenta même inutilement le 18 au matin. Enfin ce jour-là vers midi nous partîmes, l'officier et moi, pour la ville, où nous arrivâmes de nuit. [8]

Pierre Méchain écrivit le même jour à son assistant Dezauche resté à Barcelone :

Le jeudi 19, nous obtînmes, M. Cini et moi, du gouverneur et du commandant de la Marine des permissions et des ordres aux alcades pour aller parcourir toutes les montagnes et avoir des mulets, des lettres de recommandation, etc., plus un pratique [9] *pour nous conduire bien ou mal... Ce petit voyage a été fait fort lestement et un peu péniblement ; j'en ai été quitte pour une bosse à la tête et le poignet foulé, en tombant de mulet dans les rochers diaboliques qu'il a fallu traverser et escalader ; mais cela n'est rien et ne m'a pas arrêté un moment...*

Méchain avait cherché sur la carte de Tofiño dont il disposait une hauteur au nord d'Ibiza susceptible d'être visible de Montsià, de Cabrera et du Puig Major. Le Puig des Maçons, haut de 363 m, tout près de Sant Joan, lui avait paru devoir convenir. Du sommet, il constate l'excellente visibilité de la Sierra majorquine et de Cabrera, ainsi que des hauteurs du Pays Valencien, en particulier le Montgo, au cap Sant Antoni, près de Denia. Ayant soumis à Delambre, au BdL, l'alternative de ses plans : joindre Majorque et Cabrera au Montsià ou les

---

[8] Correspondance de P Méchain, Observatoire de Paris.

[9] Ce personnage, dont l'identité se révélera au cours de l'expédition de 1806-1808, très bon connaisseur des côtes de l'île a attiré l'attention de Méchain sur la hauteur et la situation du Campvell, sur la côte nord d'Albarca. L'astronome y renoncera en raison des difficultés d'ascension et d'accès. Est-ce là que se produisit la malencontreuse chute de Méchain ?

Maçons d'Ibiza à la côte valencienne, la réponse lui parvient à la fin de février. Soucieux sans doute de respecter la symétrie recherchée par rapport au 45e parallèle, qui serait obtenue à Ibiza, c'est la seconde option que choisit le Bureau.

L'astronome part donc à Denia afin d'examiner les possibilités du Montgo et les conditions de son éventuelle triangulation avec Ibiza et le Desierto [10]. Un très grand triangle, dont les deux stations continentales sont distantes de 30 lieues (143 km) et hautes toutes deux de plus de 360 toises (700 m), se dessine en vue de la jonction avec l'île d'Ibiza. Accompagné de Jean Morand, l'agent commercial et consulaire français à Denia, il monte au sommet du Montgo et grâce à des relevés barométriques simultanés à la cime et au niveau de la mer, en établit l'altitude : 390 toises, soit 760,11 m, à trois mètres près de la mesure donnée aujourd'hui.

Méchain, son fils et son assistant Dezauche qui l'a rejoint à son retour sur le continent, parcourent la côte valencienne à la recherche d'autres stations destinées à appuyer les deux principales du Desierto et du Montgo qu'il considère avec le Montsià comme l'articulation essentielle du canevas de triangles. Ils visitent le château de Cullera, le village de Puig, un peu au nord de Valence et prennent contact avec les autorités pour y faire installer les signaux et commencer les triangulations.

> *Nous avons besoin ici de l'assistance des évêques et des archevêques pour avoir d'eux des lettres de recommandation auprès des curés, par lesquelles ils les engagent à tranquilliser leurs paroissiens sur l'objet de nos signaux et de nos opérations ; car ces peuples-ci sont très*

---

10 Desierto de las Palmas, ou en valencien *Desert de les Plames*. Selon J.-B. Biot, « on appelle ainsi cette montagne parce qu'il y croît en abondance une petite espèce de palmier à feuilles en éventail, que les botanistes nomment *chamoerops humilis* ». On connaît celui-ci aujourd'hui sous le nom de palmier nain.

soupçonneux... Les lettres pastorales les tranquillisent, et ils ne nous tourmentent plus. D'Yvice à Montsià, je suis passé successivement sur cinq évêchés : Yvice, Valence, Segorbe, Tortosa et Tarragone, pour notre station de Lleberia.

Tout à coup, en plein mois de juillet, un des hommes embauchés à Denia qui les accompagne est frappé d'une attaque de fièvre et meurt. Cinq personnes de l'entourage de Méchain, dont Pascual Enrile lui-même, sont également touchées. L'équipe de géodésiens, pensant ne pas être contaminés en altitude, décide malgré tout de monter à l'Espadan, au-dessus de Segorbe, à plus de 1 100 mètres d'altitude. C'est là, sous la tente, par l'une des dernières et chaudes nuits du mois d'août, que Méchain ressent à son tour les premiers symptômes de la maladie. Mais il ne s'arrête pas et descend à Puig le 5 septembre afin d'observer le signal qu'il vient d'installer et mesurer l'angle du Desierto. Son fils Augustin, Juan Cini, l'officier de la *Prueba* et Pascual Enrile, son capitaine, qui ont été victimes de la fièvre mais en sont momentanément guéris, parviennent à lui faire prendre du repos. Cependant son état empire et on doit le diriger sur Castellon où il trouve abri chez Fausto Vallès le 12 septembre. En présence de celui-ci, de son fils, de son domestique Pierre Chauvet et de tout l'équipage du navire, il décède le 20 et est enterré au cimetière de la ville.

Ordre est donné par le Bureau des longitudes, devant la gravité de la situation sanitaire qui règne en cette fin d'été sur la côte valencienne, d'interrompre les travaux. Enrile et José Chaix proposeront à Paris de continuer les opérations en hiver. Mais nulle réponse ne leur sera adressée.

Une rencontre à l'Observatoire

François Arago est né à Estagel, à une trentaine de kilomètres de Perpignan, au pied des premières collines des Pyrénées orientales, sur la route de Carcassonne. Le village, pas très grand, est pourtant très passant. En temps de paix comme en temps de guerre, des troupes y défilent fréquemment. François Arago se souvient d'avoir toujours vu la maison paternelle pleine de soldats. Des commerçants et des voyageurs de Bordeaux ou de Toulouse se rendant à Perpignan ou en Espagne s'y arrêtent volontiers. François-Bonaventure Arago, monsieur Arago père, est, depuis 1790, maire d'Estagel et aussi juge de paix. A l'instauration de la République, il est devenu membre du directoire départemental. C'est un personnage accueillant, d'un abord aisé et connu pour son humanité. Lors des combats contre les Espagnols en 1793, il hébergera chez lui le futur maréchal Lannes blessé à Banyuls, alors simple soldat et gardera avec lui de bonnes relations. L'année suivante, il reçoit la visite de Pierre Méchain occupé à ses mesures de triangulation fort délicates par-dessus la frontière espagnole. François est alors âgé de huit ans. Il n'en gardera pas souvenir. Cependant, neuf ans plus tard, en 1803, alors que la famille Arago a déménagé à Perpignan où monsieur Arago a été nommé caissier de la Monnaie, François assiste à la seconde visite de Pierre Méchain alors en route pour Barcelone et son projet de prolongation des mesures du méridien aux Baléares.

L'astronome, devenu célèbre, directeur de l'Observatoire de Paris et président du Bureau des longitudes, porte un regard paternaliste sur le garçon de dix-sept ans attelé studieusement au programme de mathématiques exigé pour l'entrée de l'Ecole polytechnique à laquelle il a décidé de se présenter. Il prépare seul le concours, assimilant comme il peut et courageusement, les livres d'Euler, de Lagrange et de Laplace. Son père demandant à l'astronome son opinion sur de telles études, Méchain déconseille que le jeune homme s'oriente vers une carrière scientifique, « vraiment trop difficile à parcourir ». « A moins d'une vocation spéciale, dit-il à M. Arago, votre fils n'y trouverait que des déceptions. »

Le projet initial du jeune Arago, il nous le conte dans ses Mémoires, n'est pas de devenir savant, ni astronome. Attiré depuis toujours par les choses militaires, en particulier l'artillerie, et ayant rencontré sur les remparts de Perpignan un tout jeune officier du génie, celui-ci lui confia qu'il avait obtenu ses galons à l'Ecole polytechnique de Paris. Il l'informa également des moyens d'y accéder, ce à quoi François Arago consacra dès lors l'essentiel de son temps et de ses pensées. Reçu très brillamment au concours d'entrée, il fut admis à Polytechnique en octobre 1803 et durant les dix-huit mois qu'il en suivit les cours, se plaça toujours parmi les meilleurs élèves. Non pas qu'il fût des plus assidus ni des plus dociles ; bien au contraire. La réserve, la soumission, en ces temps agités des débuts douloureux de l'Empire, ne sont pas le fait des jeunes esprits engagés dans la lutte à tout prix pour la liberté républicaine face à l'instauration du nouveau régime et les tendances despotiques de Napoléon Bonaparte. Au moment de signer les pétitions attendues des élèves de la grande école appelant Bonaparte à revêtir la dignité impériale puis de prêter serment au nouveau régime, Arago se trouve à la tête des mouvements de rébellion. Ce n'est qu'en raison de son classement parmi les tout premiers sur la liste des meilleurs éléments de l'école que l'empereur n'exige pas son expulsion.

François racontera de quelle manière, le 3 décembre 1804, au lendemain même du sacre de Napoléon, leurs regards se croisèrent au moment où l'empereur devait lui remettre en tant que sergent-major promu pour la circonstance, l'étendard de sa brigade. Quoi qu'il en soit, deux mois plus tard, Arago quitte l'Ecole polytechnique. Il y reste inscrit et viendra y présenter les examens du mois de juin, mais il ne suit plus les cours. Il est détaché à l'Observatoire en tant que secrétaire-bibliothécaire. Le géomètre Denis Poisson, son ami, professeur et aussi voisin, l'a recommandé au président Laplace en raison de ses résultats et du peu d'intérêt qu'il y aurait à suivre des cours qui ne correspondent déjà plus à son niveau en sciences et surtout à l'enthousiasme qui le porte. Cependant, l'étudiant demandera à Laplace de garder la possibilité de revenir à l'école s'il en ressent le désir.

Moment décisif de l'existence où curieusement, la figure de Pierre Méchain se trouve de nouveau mêlée à celle de François Arago, âgé alors de dix-neuf ans. Augustin Méchain, le fils de l'astronome décédé au mois de septembre, avait présenté immédiatement sa démission du poste de secrétaire qu'il occupait à l'Observatoire. C'est à ce poste justement que Denis Poisson décide de faire accéder son jeune élève. Et c'est sans doute avec une certaine perplexité que le jeune homme se souvient alors des paroles prononcées à Perpignan devant son père par le défunt directeur de l'établissement qu'il intègre deux ans après.

De l'espace et dans l'espace

Le 26 avril 1803, aux confins de l'Orne, du Calvados et de l'Eure, sur une zone approximativement ovale de quatre-vingt kilomètres de long, s'abat obliquement, en plein midi, une pluie de pierres en feu. Le cocher de la malle-poste de Brest voit dans un ciel serein un globe enflammé puis entend un grand bruit “semblable au tonnerre et comme un épouvantable roulement de tambour continu”. A Sées, un paysan voit dans l'air “des petits nuages d'où partent des explosions qui se succèdent pendant plusieurs minutes”. Devant une jeune femme qui s'évanouit, une pierre s'enfonce si profond dans le sol qu'elle fait sourdre de l'eau. Une autre casse la branche d'un poirier. Le globe de feu est vu au même instant de Caen, de Pont-Audemer, d'Alençon, de l'Aigle et de Falaise. On déterre plusieurs de ces pierres dont une de huit kilos qui a rejeté la terre sur cinq mètres alentour. On en brise un fragment : cela a une odeur sulfureuse. On la porte au préfet d'Argentan qui l'expédiera dès le lendemain à Paris au ministère de l'Intérieur.

En 1790, un météorite beaucoup moins important était tombé à Barbotan-les-Thermes, dans le Gers. Le naturaliste Cuvier en conservait un échantillon. Il confiera ce morceau de roche noircie à son jeune collègue de l'Institut, Jean-Baptiste Biot, qui le 27 juin se met en route pour l'Aigle muni d'une boussole et d'une carte de la région. Biot est professeur de physique au Collège de France et vient, deux mois auparavant, d'être élu, âgé de vingt-neuf ans, membre de l'Institut, l'ancienne Académie des Sciences. Il passera neuf jours dans l'Orne, à l'épicentre du phénomène, accompagné d'un guide "actif et intelligent" pour recueillir des témoignages de l'explosion entendue à cent vingt kilomètres à la ronde et des échantillons du météorite. Fruit de cet examen méthodique et d'une analyse chimique poussée, le rapport qu'il remettra à son retour conclura pour la première fois et de manière définitive à l'existence de corps célestes venant des "confins du système solaire" heurter la surface de la Terre.

Durant son absence de Paris, Gabrielle, la jeune épouse du professeur Biot, qu'il avait laissée enceinte de plus de huit mois a donné le jour à un petit garçon qu'on prénomme Édouard. Biot se souvint toujours de la naissance de son fils avec un certain remords. Il passera l'été 1803 en famille tout en mettant la dernière main à la publication de son *Essai sur l'histoire générale des sciences pendant la Révolution française.*

Auprès de Laplace, président du Bureau des longitudes, du flamboyant Alexandre Humboldt, de Candolle et de Gay-Lussac entre autres, Biot fait partie de ce que l'on commence d'appeler la société d'Arcueil, du nom du village où Laplace vient d'acheter une maison contiguë à celle de son collègue Berthollet. Plutôt que de société, c'est des ateliers d'Arcueil que l'on devrait parler car chacun y trouve, les jeunes chercheurs en particulier et certains savants étrangers de passage, l'espace et le matériel nécessaire à leurs expériences. Jean-Baptiste Biot est présent aux réunions bimensuelles de ces savants indépendants, loin des obligations et des solennités de l'Institut. Il s'intéresse à cette époque au déplacement du son et de la lumière dans l'air. Il s'offre l'année suivante, en compagnie de Louis Gay-Lussac pour une expédition aérostatique afin d'examiner si "la propriété magnétique de l'atmosphère éprouve quelque diminution appréciable quand on s'éloigne de la Terre". Il s'agirait aussi d'observer l'électricité de l'air, sa composition et ses variations à des hauteurs différentes.

Au mois d'août 1804, les deux jeunes physiciens s'envolent du Champ de Mars dans un ballon ayant servi lors de l'expédition d'Égypte. Outre leurs appareils de mesure, ils emportent divers animaux, des grenouilles, des oiseaux et des insectes. A 2 700 mètres au-dessus de Paris, surpris de ne pas souffrir du froid ni de la rareté de l'air, ils avoueront admirer avant tout la beauté du spectacle qui s'offre à leurs regards. N'éprouvant aucun malaise, ils prennent néanmoins leur pouls. Celui de Biot qui bat normalement 79 pulsations en donne 111. Mais ils décident de continuer à s'élever. À quatre mille mètres, la température est tombée à 10°5 au lieu des 17°5 relevés à l'Observatoire au même moment. Les animaux ne semblent pas trop souffrir de l'altitude. Une abeille est libérée, s'envole très vite et quitte la nacelle en bourdonnant. Un petit oiseau, un verdier, hésite, revient se poser sur sa cage puis se précipite vers la terre presque verticalement et disparaît dans les nuages. Mais un défaut de la valve d'échappement commence de faire tourner lentement le ballon sur lui-même, ce qui va l'empêcher de continuer son ascension. Les jeunes gens redescendent sans hâte tout en notant les résultats des observations et atterrissent en douceur près d'un village du Loiret, à soixante dix kilomètres de Paris. Gay-Lussac affirmera devant la classe de mathématiques et physique de l'Institut que la propriété magnétique n'éprouve aucune diminution appréciable depuis la surface de la Terre jusqu'à 4 000 mètres de hauteur.

Biot, désireux de poursuivre cette expérience, mais cette fois en restant au contact du sol, part de nouveau en voyage, un mois plus tard, dans les Alpes. Accompagné d'Aimé Bonpland tout juste rentré de son périple de cinq ans en Amérique avec Humboldt, ils rejoignent de Candolle à Genève pour effectuer en haute montagne des mesures sur la composition de l'air et les variations du champ magnétique terrestre. On leur présente un jeune médecin et naturaliste, François Delaroche, qui étudie les poissons du lac Léman et se joindra bientôt à la société d'Arcueil. Ils rendent aussi visite, à Coppet, à l'insoumise Madame de Staël, ce qui ne sera pas du goût de Napoléon Bonaparte.

A l'automne 1804, Biot commence de fréquenter l'observatoire de Paris. Les hautes salles du bâtiment édifié sous Louis XIV et ses vastes fenêtres correspondaient aux besoins des astronomes du dix-septième siècle. Elles sont devenues totalement obsolètes pour ceux de 1805 et pour les instruments modernes qui scrutent un champ de ciel beaucoup plus ample. Les observations nocturnes ont lieu dans des tourelles improvisées construites dans le parc où en hiver règne un froid glacial. C'est là que Jean-Baptiste Biot aperçoit pour la première fois un grand garçon mince, allant toujours nu-tête, légèrement mais élégamment vêtu, qui attire son attention. Dix-neuf ans à peine, très précis dans ses gestes, il assiste presque chaque nuit le mathématicien Alexis Bouvard dans sa chasse aux comètes, très en vogue en ces années-là où le nombre des planètes du système solaire n'est pas encore considéré comme définitif.

Peu de temps après mon entrée à l'Observatoire de Paris, relate Arago en introduction a sa « Mesure de la Méridienne de France », *j'eus l'occasion de m'entretenir avec M. Biot de l'intérêt qu'il y aurait à reprendre en Espagne la mesure de la méridienne de France interrompue par la mort de Méchain. Nous soumîmes le projet de la prolongation de cette mesure jusqu'à la petite île de Formentera à M. Laplace qui l'accueillit avec ardeur. On comprendra l'importance de l'entreprise quand on remarquera que l'arc mesuré en France s'étendant de Dunkerque aux îles Baléares, son milieu devait correspondre au parallèle de 45°, intermédiaire entre l'équateur et le pôle, et que, par l'effet de cette circonstance, le calcul du quart du méridien terrestre ne devait pas exiger la connaissance de l'aplatissement de la Terre. En outre, les erreurs inséparables des observations devant se trouver réparties sur un plus grand arc, devenaient moins sensibles dans le résultat définitif, qui en acquérait une plus grande certitude.*

Napoléon agrée rapidement le projet du Bureau des longitudes présenté par le président Laplace et fait accorder par le ministère de l'intérieur, le 2 mai 1806, les crédits nécessaires à la mise en œuvre de la Commission devant se rendre en

Espagne. J.-B. Biot, nommé à sa tête, et François Arago étudient à l'Observatoire les lettres écrites par Méchain à Delambre durant les dix-huit mois de sa dernière expédition et se font prêter par sa veuve le journal qu'il avait tenu au cours des opérations. Un élève espagnol de Biot au Collège de France, le mathématicien José Rodriguez Gonzalez, est sollicité pour accompagner les Français en Espagne et collaborer aux travaux. Le gouvernement espagnol met également à leur disposition l'astronome José Chaix qui a déjà secondé Méchain en 1803 et qu'ils retrouveront une fois arrivés sur place. Pour ce qui est des fièvres et des épidémies éventuelles, fréquentes les étés précédents, les renseignements pris à Barcelone et à Valence auprès des consuls semblent rassurants. Mais on attendra la fin de l'été pour partir.

1806

Le traité d'Amiens en 1802 était venu mettre un terme aux hostilités qui opposent la France révolutionnaire aux Anglais depuis dix ans. Mais face à la prépondérance croissante de la puissance française sur le continent, les Anglais refusent de se soumettre à la clause les obligeant à abandonner leur occupation de Malte, position qui leur assure, avec Gibraltar, l'hégémonie maritime en Méditerranée et le contrôle de la route de leurs colonies orientales. Sur ce refus, la guerre reprend. Napoléon élabore un ambitieux et complexe plan d'invasion directe des îles Britanniques. Au terme de dix mois de manœuvres navales mal concertées, les armadas françaises et espagnoles sont anéanties devant le cap Trafalgar, le 21 octobre 1805. Les ports de Cadix, Brest et Toulon seront désormais soumis à un blocus rigoureux qui laisse aux navires anglais la domination absolue de la Méditerranée et de la façade atlantique du continent.

Venant compenser la défaite navale, les Français battent une nouvelle coalition austro-russe financée par l'Angleterre, à Austerlitz six semaines plus tard, jour anniversaire du sacre de l'empereur. Malgré cette aggravation apparente de la guerre, l'année 1806 a vu l'ouverture de pourparlers de paix réunissant à partir du mois d'avril Anglais et Français à Paris, négociations auxquelles participent à tour de rôle et par ambassadeurs interposés les gouvernements des autres pays belligérants. Malheureusement, tractations sur l'occupation anglaise de Malte, échanges de compensations sur le Hanovre et exigences réciproques se durcissent et échouent, débouchant au mois d'août sur un enlisement général des conversations. Le clan anti-français triomphe à Berlin et entraîne une mobilisation de la Prusse déjà surarmée.

Le 3 septembre, le jour même où François Arago, Jean-Baptiste Biot et José Rodriguez quittent Paris pour se rendre à Barcelone, l'ambassadeur russe annonce à son interlocuteur français que le tsar Alexandre refuse le projet de paix franco-anglais. Napoléon, se méfiant d'une attaque imprévue sur les troupes qu'il a laissées stationnées en Allemagne après la bataille d'Austerlitz, ordonne, deux jours plus tard, une concentration générale de la Grande Armée à Bamberg, en Bavière. Et dès la semaine suivante, les intentions belliqueuses de la Prusse se font plus évidentes. Le roi Frédéric-Guillaume agite la menace d'une attaque contre l'envahisseur français aussitôt que le signal en serait donné par ses alliés. Le 11 septembre déjà, Napoléon fait partir sa cavalerie et ses équipages de guerre vers la frontière du Rhin. La machine infernale de la guerre, ce "malheur des peuples" que l'Empereur des Français voudrait encore éviter, s'est remise inexorablement en route.

De Perpignan, où la voiture arrive le 14 septembre après onze jours de route, J.-B. Biot écrit sa première lettre à Delambre au Bureau des longitudes et lui fait part du programme qu'il est en train de mettre au point. Il veut le plus tôt possible mettre en œuvre la mesure du grand triangle maritime entre le Desierto, Cullera et Ibiza.

> *Après avoir fait expédier à Barcelone les ordres nécessaires, nous allons à Valence, et en passant, nous nous arrêtons au Desierto, nous préparons la station et nous y laissons un homme. De là, nous allons à Valence prendre de nouveaux ordres et aussitôt qu'ils sont obtenus, Arago va préparer la station de Cullera ; moi je m'embarque, je passe à Yvice, je prépare la station, j'y laisse une personne pour diriger les signaux, et je retourne retrouver Arago au Desierto ou à Cullera. Pendant ce temps, il aura fait mettre ou il aura mis lui-même des signaux à Espadan et sur le*

Puig ; et voilà toutes les stations terminées. Ensuite nous nous renfermons dans Yvice pendant tout l'hiver. Dès que nous aurons fini la latitude et le pendule, nous reviendrons au Puig pour y compléter un tour d'horizon, et aussi pour y reprendre l'angle entre Desierto et Espadan si vous le trouvez convenable, car Méchain n'en a observé que deux séries des six angles qui diffèrent entre elles de 5''.

Le pendule dont parle ici Biot se réfère à l'expérience à laquelle vont se livrer les géodésiens parallèlement aux travaux de triangulation dans le cadre de l'étude de la forme de la Terre[11]. Il s'agit de mesurer la longueur du bras d'un pendule battant la seconde à une latitude donnée, longueur qui varie bien sûr avec la latitude mais aussi l'altitude et, on le soupçonne à l'époque, avec la composition du sous-sol. L'instrument permet en fait d'évaluer l'attraction terrestre à un point donné du globe.

Cet appareil, extrêmement précis et fragile, fait partie du lot d'instruments qui voyagent dans une seconde voiture à deux jours de distance des astronomes et que François Arago attendra à Perpignan. Il va passer ainsi quelques jours en compagnie des siens qu'il n'a pas vus depuis plus d'une année. Pierre Chauvet, qui a participé en 1803 et 1804 aux opérations en Catalogne avec Méchain, sera embauché et repartira vers Barcelone avec Biot et Rodriguez. L'entrevue avec le capitaine général de Catalogne, M. de Santa Clara, qui les reçoit dès leur arrivée le 19 septembre, est selon Biot très cordiale, ainsi que leur réception chez l'Intendant général Azanza le lendemain. Tous deux lui assurent que le navire mis à leur disposition pour se

11 L'étude de la forme de la Terre semble être le principal objet des travaux en cours à cette époque au sein de l'astronomie européenne, étude destinée à progresser dans quantité de domaines annexes de la physique. La longueur exacte du mètre, nouvel étalon récemment instauré, sans cesse questionnée, est bien sûr concernée par ces études.

rendre à Ibiza, le mistic *El Terrible*, a été envoyé de Carthagène à Denia et les y attend.[12]

La première mauvaise nouvelle tient au fait que Pascual Enrile est monté en grade et s'est vu chargé de la défense des côtes de Catalogne depuis deux ans que la guerre est déclarée avec les Anglais. L'ancien commandant de *La Prueba* ne pourra donc pas participer aux opérations comme l'escomptait J.-B. Biot. L'astronome français le regrette profondément et passe pratiquement toutes ses matinées à bord du navire d'Enrile, dans le vieux port de Barcelone, à s'entretenir avec lui des travaux effectués avec Méchain et des stations qu'il envisageait. D'autres nouvelles leur sont fournies par M. Viot, le consul de France, qui reçoit le journal *Le Moniteur* de Paris plus ou moins chaque jour, nouvelles qui concernent l'évolution de la crise en Allemagne. Les troupes prussiennes sont entrées en Saxe le 12 septembre, ce que Napoléon a jugé comme étant une violation du statu quo instauré au début de l'année. Le même journal annonce, dans son édition du 16, la mort à Londres de Charles Fox, chef du parti libéral, le plus sincère des partisans de la paix avec la France au parlement anglais [13].

Arago ayant rejoint les membres de la Commission, ils se mettent en route pour Tarragone le 27 septembre et rendent visite au docteur Marti [14], chez qui Augustin Méchain a laissé

---

[12] Semblable au chébec de la même époque, le mistic allait à la voile et à la rame et en différait peu sinon par l'inclinaison de ses deux ou trois mâts vers l'arrière. Parfois armé de douze canons de petit calibre, il était utilisé comme garde-côte, ce qui était le cas du *Terrible*, ou comme petit bâtiment de guerre. Les autorités anglaises de Gibraltar avaient adressé à Madrid le sauf-conduit indispensable aux déplacements en Méditerranée, qui fut remis à Biot à Valence. Le document, lié au bâtiment utilisé par la Commission franco-espagnole, stipulait que son tonnage ne devait pas dépasser 42 tonneaux, le nombre d'hommes à bord était limité à cinquante et qu'il ne devait pas porter de canons.

[13] « Rarement, écrit l'historien Octave Aubry, la disparition d'un homme a pesé d'un tel poids sur les événements ». Napoléon dira lui-même à Sainte-Hélène : « La mort de Fox a été une des fatalités de ma carrière. S'il avait vécu, nous faisions la paix ».

[14] Antoni Marti i Franqués -Marti d'Ardenya- (1750-1832) médecin, chimiste et botaniste, natif d'Altafulla, près de Tarragone. En plus de l'anglais et de l'allemand, il

en garde une partie des réverbères utilisés pour les signaux destinés aux observations nocturnes. Puis, en deux étapes, ils seront le 8 octobre à Castellon où ils se recueillent, en compagnie du baron de la Puebla, Fausto Vallès, sur la tombe de leur collègue Pierre Méchain, avant de monter pour la première fois au Desierto de las Palmas. Ils vont y déposer une partie des réverbères dans l'un des oratoires situés au-dessus du monastère, à plus de 700 mètres d'altitude.

Au cours des deux semaines que François Arago, Jean-Baptiste Biot et José Rodriguez vont passer à Valence avant que ces deux derniers ne se rendent à Denia afin de s'embarquer pour Ibiza, d'alarmantes nouvelles leur parviennent de Paris. Par le consul, M. Lanusse, les astronomes apprennent l'avancée des forces prussiennes sur Dresde et bientôt le départ de Paris, le 25 septembre, de l'Empereur pour rejoindre la Grande Armée. A cela s'ajoute l'annonce par la *Gaceta* de Madrid de deux nouvelles tout aussi inquiétantes : la prise de Buenos Aires par les Anglais qui vient, semble-t-il, contrebalancer le retrait de leurs navires qui avaient pris position dans l'embouchure du Tage à Lisbonne quelques semaines auparavant, occupation qui avait été interprétée comme une mesure préventive aux menaces franco-espagnoles sur le Portugal et aux rumeurs de concentrations de troupes françaises à la frontière espagnole. Toutes ces nouvelles sont confuses pour eux et se chevauchent en leur parvenant par la presse locale ou le journal français, ainsi que d'autres canaux officieux auprès des consuls à Barcelone et à Valence. Les informations d'Allemagne mettent en effet souvent de six à huit jours pour être transmises et imprimées à Paris, puis presque autant pour être acheminées en Espagne. Ils apprendront ainsi peut-être la réaction de Napoléon à des faits dont ils n'ont pas encore matériellement connaissance. C'est là un fait relativement important pour eux, en particulier pour Biot et Rodriguez qui doivent se rendre à

---

parlait le français et présentera, par l'intermédiaire de J.-B. Biot, divers comptes-rendus d'expériences à l'Académie des Sciences de Paris.

Ibiza où ils disposeront encore moins que sur le continent d'information précise sur ce qui se passe en Europe et d'éventuelles répercussions.

Si l'on insiste ainsi sur cet aspect de la transmission des nouvelles, c'est qu'un autre événement va se produire à la mi-octobre en Espagne qui va provoquer pour de bon l'alarme parmi les membres de la Commission. C'est François Arago qui nous le raconte dans ses Mémoires comme une péripétie passagère du début de son voyage.

> *J'étais à Valence vers le milieu d'octobre 1806. Un matin, de bonne heure, je vis entrer chez moi le consul de France, tout effaré: "Voici une triste nouvelle, me dit M. Lanusse, faites vos préparatifs de départ ; la ville est toute en émoi ; une déclaration de guerre contre la France vient d'être publiée ; il paraît que nous avons éprouvé un grand désastre en Prusse. La reine* [Louise de Prusse], *assure-t-on, s'est mise à la tête de la cavalerie et de la garde royale ; une partie de l'armée française a été taillée en pièces ; le reste est en complète déroute. Nos vies ne seraient pas en sécurité si nous restions ici ; l'ambassadeur de France à Madrid me préviendra quand un bâtiment américain, à l'ancre au Grao de Valence, pourra nous prendre à son bord, et moi, je vous avertirai dès que le moment sera venu.*

Manuel Godoy, le Prince de la paix, qui depuis quatorze ans déjà gouverne l'Espagne à la cour du roi Charles IV, vit, en 1806, dans l'obsession de perdre son pouvoir. Très peu aimé du peuple, haï de la noblesse, il n'existe que par le bon vouloir de la reine Marie-Louise dont la passion éprouvée pour cet officier de la garde a laissé celui-ci se hisser et se conforter au sommet de l'État. Au nombre des ennemis de Godoy, et parmi les plus virulents, se trouve le groupe de nobles partisans de l'héritier du trône, Ferdinand, Prince d'Asturies, âgé de vingt-deux ans, qui constitue la plus grave menace envers l'autorité très contestée du favori. Malgré la surveillance qu'il exerce sur eux, il ne laisse d'être de plus en plus en proie à l'inquiétude. Inquiétude qui s'ajoute à celle de se voir tenu à l'écart de la partie diplomatique qui se joue à Paris en vue d'un traité de paix avec l'Angleterre. Bien sûr, Godoy a lui aussi maintenu un agent au contact de ce qui se négocie depuis le printemps tant à Londres qu'auprès du tsar de Russie et des Prussiens. Car Napoléon le traite sinon avec distance du moins avec peu d'entrain, surtout en ce qui concerne leur projet commun d'invasion du Portugal où le favori aimerait s'approprier une souveraineté propice à sa retraite. L'éventualité d'un décès du roi, très malade en cet automne, et l'avènement de son fils au trône l'excluraient définitivement de tout avenir. Le prince de la paix connaît et flatte la colère de l'empereur de voir le petit royaume atlantique accepter en ses ports la présence britannique et laisser le commerce s'y développer comme s'il s'agissait d'une véritable colonie anglaise. L'Espagne a commencé de lever des troupes et accomplit un effort d'armement soutenu depuis le mois de juin afin de se tenir prête, en attente d'un signal de Napoléon et de l'appui que celui-ci promet constamment d'apporter au projet de démembrement du Portugal.

Durant l'été 1806, Godoy va s'impatienter et s'irriter de ce qu'il prend pour du mépris de la part de l'empereur. Il forme alors le dessein d'utiliser contre la France les armements réunis en vue de l'invasion du royaume voisin. Sa tentation est grande d'entrer dans la coalition qui se noue et se dénoue au gré des dernières tractations diplomatiques. Devant la prise de Buenos Aires par les Anglais que l'on apprend à Madrid le 30 septembre, il se voit tout à coup sacrifié à son alliance avec la France et d'autant plus quand son agent à Londres lui fera part du refus britannique d'envisager une paix séparée avec l'Espagne. Dans les deux cas d'alliance, l'Espagne, dans son immobilité, se découvre non seulement lâchée, mais perdue. C'est alors que Godoy va entreprendre l'opération la plus trouble et la plus risquée de sa carrière.

En Allemagne, la crise s'est accentuée. Le 26 septembre, lendemain du départ de Napoléon vers le camp de Bamberg,

Frédéric-Guillaume de Prusse fait porter un ultimatum à Paris sommant l'empereur de retirer ses troupes sur la rive gauche du Rhin avant deux semaines. Celui-ci, déjà occupé à mettre la Grande Armée en ordre de bataille, ne recevra le document que onze jours après, le 7 octobre, avant-veille des premiers engagements autour de Saalfeld de cette guerre à laquelle semble-t-il personne ne croit. Dans une *Lettre de l'Empereur et Roi d'Italie au Sénat Français*, écrite le 10 octobre et qui paraîtra dans *Le Moniteur* à Paris le 17, Napoléon déclare cependant : « La guerre continentale vient de recommencer. La modération de l'Empereur n'a pas pu la prévenir. Pour épargner les ravages de la guerre, l'Empereur s'éloigne de ses frontières ; il va au loin affronter de nouveaux hasards pour la défense de son peuple. »

Les jours qui suivirent ce même samedi 17 octobre, Madrid, Barcelone et Valence, nous l'avons vu, sont le théâtre d'une subite agitation anti-française. On a lu dans la presse de la fin de cette semaine, sur les places et dans les mairies, un bien étrange texte signé de Manuel Godoy. En invoquant, au nom du roi, la grandeur de son aïeul Philippe V, le favori s'adresse « aux cavaliers d'Andalousie et d'Extrémadure », à leur générosité, et en appelle à leur désir de gloire et à la défense de la patrie. Souvent qualifiée d'énigme, cette longue exhortation aux armes, qui ne désigne qu'obscurément l'ennemi contre lequel les prendre - le Portugal ou la France ? - fut accueillie par la masse de l'opinion espagnole comme une déclaration de guerre à Napoléon. Le contenu du belliqueux manifeste commença de circuler à Madrid le 7 octobre mais ne fut publié officiellement que le 14, et dut paraître dans les journaux de province le lendemain et les jours suivants.

Proclamation de Manuel Godoy

En des circonstances pourtant moins périlleuses que les circonstances actuelles, les fidèles vassaux se sont efforcés d'apporter à leurs souverains l'aide de leurs biens et de leurs ressources, avant même que la nécessité s'en fît sentir de façon pressante : et cette anticipation fait mieux ressortir encore la générosité des sujets à l'égard de leur souverain. Le royaume d'Andalousie, que la nature a privilégié pour l'élevage des chevaux de cavalerie légère, la province d'Estrémadure, qui si souvent a fourni à Philippe V des secours de ce genre, souffriront-ils que la cavalerie du Roi d'Espagne soit insuffisante et incomplète faute de chevaux ? Non, je ne le crois pas ; au contraire, de même que nos glorieux aïeux ont fourni à l'aïeul de notre Roi les services de leurs hommes et de leurs chevaux, les petits-fils, je l'espère, vont maintenant apporter l'aide de régiments ou de compagnies de bons cavaliers, décidés à servir et à défendre leur patrie aussi longtemps que dureront les nécessités actuelles, et qui reviendront ensuite jouir du repos au sein de leurs familles, couverts de gloire et assurés d'un sort meilleur... Venez donc, mes compatriotes bien-aimés ; venez prêter serment sous les drapeaux du plus bienfaisant des souverains, venez et je vous couvrirai des plis de ma gratitude, je tiendrai toutes les promesses que je vous fais maintenant, si le Dieu des victoires nous accorde la paix heureuse et durable que nous lui demandons tous... Venez donc, et s'il arrive que nous n'ayons pas à croiser le fer avec l'ennemi, du moins vous serez au-dessus du soupçon, et vous n'aurez pas à vous reprocher une conduite indigne de votre loyauté et de votre honneur, faute d'avoir répondu à mon appel. Mais si ma voix était impuissante à réveiller en vous le désir de la gloire, que ce soit celle de vos tuteurs immédiats, celle des pères du peuple auxquels je m'adresse, qui vous fasse comprendre ce qu'exigent de vous votre devoir, votre honneur et la sainte religion que vous professez.

Curieusement, aucun écho des troubles anti-français n'apparaît dans la correspondance de J.-B. Biot. Celui-ci a fait avec Arago et Rodriguez une première visite à Denia justement à la mi-octobre, où il a été présenté au lieutenant Vacaro, le commandant du *Terrible*, pris connaissance du navire qui doit les conduire à Ibiza et rencontré les officiers qui accompagneront l'expédition. Aucune alarme n'est sensible dans le ton de la lettre datée du dimanche 18 octobre, écrite de Valence où l'astronome se félicite de l'accueil très aimable réservé par M. Izquierdo, le Capitaine Général, qui leur a remis le sauf-conduit anglais. Il s'est également entretenu avec le gouverneur de Denia au sujet des mesures à prendre afin d'assurer la bonne visibilité des signaux lumineux entre les îles et la péninsule.

> *D'ici à ce que nous ayons terminé les observations du grand triangle, il sera ordonné par toutes les justices du pays que l'on ne fasse point de feux sur les montagnes à 2 lieues de distance de nos stations, afin de ne pas confondre nos signaux avec des feux de bergers.*

La suite du récit de François Arago extrait de ses Mémoires (rédigés, on le sait, à la fin de sa vie, soit plus de quarante ans après les faits) nous apporte un résumé un peu approximatif certes, mais significatif du dénouement de la crise provoquée par la proclamation de Godoy.

> *Peu de jours après* [les préparatifs de fuite organisés par M. Lanusse], *la fausse nouvelle qui, on doit le supposer, avait dicté la proclamation du prince de la Paix, fut remplacée par le bulletin de la bataille d'Iéna. Les gens qui d'abord faisaient les fanfarons et menaçaient de tout pourfendre étaient subitement devenus d'une platitude honteuse ; nous pouvions nous promener dans la ville, tête levée, sans craindre désormais d'être insultés.*

On sait aujourd'hui, grâce en particulier aux travaux d' André Fugier, que le manifeste signé par Godoy le 5 octobre 1806 fut le fruit d'une longue réflexion et comportait une vision de la situation de l'Espagne et de la sienne propre bien plus ample et complexe que celle qu'auraient pu créer dans son esprit des bruits de défaites françaises en Allemagne. D'autant que si l'on resitue la date des événements enregistrés au début de la guerre contre la Prusse, force est de reconnaître que le 14 octobre, jour de la publication, peu d'éléments d'information permettaient en Espagne d'extrapoler une éventuelle déroute de Napoléon.

Le plus important pour nous est bien sûr de déterminer de quel degré d'information dispose Biot au moment de s'embarquer pour Ibiza où il est beaucoup moins sûr d'être tenu au courant des événements en train de se produire sur le continent. Il s'agit aussi d'expliquer dans quel état d'esprit va se dérouler son séjour aux Pithyuses et en particulier les conditions dramatiques de son retour à Denia au début de novembre. Sa dernière lettre écrite à Denia le 23 octobre, matin même de l'appareillage du mistic, ne reflète aucune inquiétude particulière, et non plus aucune référence à une quelconque accalmie de l'agitation dont a été témoin F. Arago. Biot s'y félicite de la bonne impression que lui font Vacaro et ses officiers qui « paraissent aimables, avoir beaucoup de connaissances et un grand désir d'en acquérir ». Il rend au Bureau des longitudes un premier compte des dépenses effectuées depuis leur départ (1 114 francs) et signale qu'il a tiré chez M. Lanusse à Valence 2 500 francs qu'il emporte en pièces d'or à Ibiza. Le fait que l'astronome français ne fasse aucune allusion aux événements de Valence, et le fait d'ailleurs que sa présence ne soit pas citée par Arago au moment crucial de l'alarme du consul, tendraient à prouver qu'il n'y était pas et que ces manifestations anti-françaises durent avoir lieu après le 21, jour où Biot quitta Valence. Ils seraient donc survenus cinq ou six jours après la publication de la proclamation de Godoy, ce qui constitue également une preuve que le Français ne peut avoir eu connaissance avant son départ, de la victoire de

Napoléon à Iéna qui ramena, selon Arago, le calme dans les esprits.

Que sait-il alors le 23 octobre au soir, au moment de s'embarquer ? M. Lanusse à Valence et M. Morand, son vice-consul à Denia reçoivent plus ou moins chaque jour un exemplaire du *Moniteur* qui met un peu plus d'une semaine pour leur parvenir de Paris. Ce journal apporte entre autres, depuis l'édition datée du 15 octobre, les nouvelles du début des hostilités en Allemagne. Napoléon, qui est à Bamberg, au nord de la Bavière, depuis le 6, fait parvenir une *Lettre de l'Empereur et Roi au Sénat Français* le 7, où il annonce qu'en raison de l'invasion de la Saxe par la Prusse et bien que « nous ne prenions les armes que pour nous défendre », il part en guerre. Cette lettre sera imprimée dans *Le Moniteur* du 14 octobre et constitue les premières nouvelles de ce qui n'est pas encore la guerre mais va le devenir dès le lendemain. Le premier Bulletin de la Grande Armée, daté du 8 octobre, ainsi que le deuxième, du 12, sont publiés à Paris le 20. La première victoire remportée le 10 par le maréchal Lannes à Saalfeld, où le prince Louis-Ferdinand est tué, y est relatée et des sources diplomatiques en font état à Madrid le 25. Les décisives batailles d'Iéna et d'Auerstaedt, où périssent vingt-sept mille Prussiens, sont livrées le 14 octobre (jour de la publication de la proclamation de Godoy), leur description sanglante en est imprimée à Paris le 21 dans *Le Moniteur* et, selon les mêmes sources citées par A. Fugier, ne seront connues à Madrid que le 28.

Nous savons d'autre part, par une lettre de José Chaix postée de Cullera, que François Arago quitta Valence le lundi 27 pour se rendre au Desert et s'y tenir prêt à observer le premier signal d'Ibiza. Cette date du 27, et les treize jours qui l'en séparent, correspondraient donc à la nouvelle de la bataille d'Iéna dont il dit qu'elle vient remplacer les fausses rumeurs de défaites (et de déclaration de guerre !). Iéna est connue à Paris le 21 et transmise en six jours par *Le Moniteur*, ou peut-être un message plus rapide envoyé à Valence de Barcelone au consul Lanusse.

Arago tentera-t-il de faire parvenir à ses deux collègues rendus à Ibiza la rassurante information ? Il semble bien que non et ce principalement, sans doute, en raison du mauvais temps qui régnera entre les îles et les côtes du Levant, empêchant la moindre chance de passage d'un courrier.[15]

Il est donc à peu près certain qu'au cours des seize jours que Biot passera aux Pithyuses, il ne reçut aucune nouvelle du continent. Lors de sa deuxième venue le printemps suivant, il insistera du reste plusieurs fois avant de partir sur les précautions qu'il a prises d'organiser la transmission de messages avec les autres commissaires par l'intermédiaire de Morand à Denia, ou par M. Lanusse, ce qui dans sa correspondance résonne nettement comme une volonté de ne plus se trouver dans la même situation d'isolement qu'en octobre-novembre 1806. « Quand je serai à Yvice, dit-il en mars 1807, j'enverrai prendre tous les huit jours les lettres à Valence par notre petit bâtiment ». La dernière information que J.-B. Biot et José Rodriguez obtiennent auprès de Morand à Denia le 23 octobre au soir peut donc n'être que la lecture du *Moniteur* du 17, qui se réfère aux événements des 9 et 10 octobre, à savoir les tous premiers engagements militaires en Thuringe et contient la fameuse harangue de l'Empereur au camp de Bamberg.

Vers la fin de septembre déjà, lorsque la rupture franco-prussienne fut connue en Espagne, des bruits coururent ici et là que quinze mille Français avaient été faits prisonniers et qu'un maréchal avait été tué au combat. Les levées de troupes, organisées durant l'été par Godoy, pourtant somme toute modestes, furent souvent interprétées comme de grands préparatifs militaires visant la France et provoquèrent des poussées de fièvre contre Napoléon. Le consul de Cadix insiste

---

[15] La lettre de Biot du 7 décembre nous apprend que ce n'est qu'à son retour d'Ibiza qu'il fut informé des dégâts survenus durant le voyage au cercle répétiteur, l'appareil destiné à la mesure des angles, apporté de Paris.

en octobre et novembre 1806 sur la surexcitation de la population dirigée contre le pays allié. La nouvelle de Saalfeld, parvenue à Madrid le 25 octobre n'arrêta pas, informe-t-il, l'agitation. Même l'importante victoire de Iéna, pourtant largement commentée et diffusée dans l'Europe entière, selon A. Fugier, n'y mit pas de terme. « Elle fut aussitôt atténuée par de nouveaux bruits sur les pertes énormes des Français, sur la mort de plusieurs généraux puis sur la résistance énergique qu'offrait Magdebourg et sur une déclaration de guerre adressée par l'Autriche à Napoléon. »

Le risque pour J.-B. Biot et J. Rodriguez, une fois parvenus à Ibiza, serait qu'ils se voient si l'on peut dire rattrapés par ce genre de fausses nouvelles, d'autant plus altérées et invérifiables du fait de la distance. Aucun commentaire particulier de la part de Biot quant à la qualité de l'accueil du gouverneur Llamas ni de l'attitude du lieutenant Vacaro, toujours qualifiée d'excellente, ne nous permet de nous faire une idée claire du degré d'information qui pouvait exister tant à la citadelle d'Ibiza qu'en bas de ses remparts en cette fin d'octobre.

Les astronomes semblent prendre pied sur une île hospitalière et tout à fait paisible. La collaboration à la fois des autorités et de la population semble obtenue sans difficulté. Relatant, un mois après, son séjour à *Yvice* dans sa longue lettre du 7 décembre, Biot rappelle qu'il a fallu *plus de soixante mulets pour transporter la cabane et les réverbères à travers les montagnes depuis le port de Saint-Antoine jusqu'à Los Masons et de Los Masons au pied de Campvey.*[16]

Il est vrai que les membres de la Commission disposent de documents visés par le gouvernement espagnol mettant à leur service et comme nous le verrons même, à leurs ordres, toute la

[16] J.-B. Biot, d'une manière générale emploie l'orthographe castillane des toponymes locaux issue de la cartographie dont il dispose, celle de Tofiño essentiellement. A *Masons, Campvey, Mongo,* nous avons préféré le plus souvent la graphie catalane aujourd'hui en vigueur (Maçons, Campvell, Montgó, etc.). Pour ce qui est du nom d'Ibiza que nous employons dans tous les cas ainsi, notons l'appellation qu'en ont les Français à l'époque : Yvice, parfois Ivice ou Iviça, reproduction phonétique de son nom catalan, Eivissa.

hiérarchie dépendant du gouverneur, ainsi que de recommandations de l'évêché en vue du concours susceptible d'être sollicité dans les paroisses rurales.

Pierre Méchain avait fait adresser au curé de Sant Joan la cabane destinée à sa station du Puig des Maçons [17]. C'est chez lui que Rodriguez et Biot se rendirent dès le lendemain de leur arrivée en suivant les éléments contenus dans une lettre de leur confrère de janvier 1804 qu'ils avaient en leur possession ainsi que son journal : *le Puig de los Masons, situé entre l'église de San Juan et la pointe d'En Serra, à une demi-lieue du bord de la mer.*

L'intention de J.-B. Biot d'utiliser la maison du curé comme logement et base des opérations devra être cependant abandonnée ainsi que le mont d'Es Maçons pour y installer la station. *La maison du curé, la seule qui soit dans le voisinage, est placée dans un fond duquel on ne découvre rien* , notera-t-il dans sa lettre du 7 décembre. Selon l'état des projets de Biot à ce moment, c'est de cette habitation et de cette station qu'aurait dû, en tant qu'extrémité australe de l'arc de méridien, être effectuée la mesure de la latitude, opération qui nécessite une bonne visibilité de l'horizon et d'une grande partie du ciel.

[17] Cette structure de bois démontable et transportable "de 12 pieds carrés" (80 cm par 1,65 m environ) servait à abriter du vent la batterie de réverbères montés sur un support métallique utilisés pour produire le signal lumineux nécessaire aux visées nocturnes.

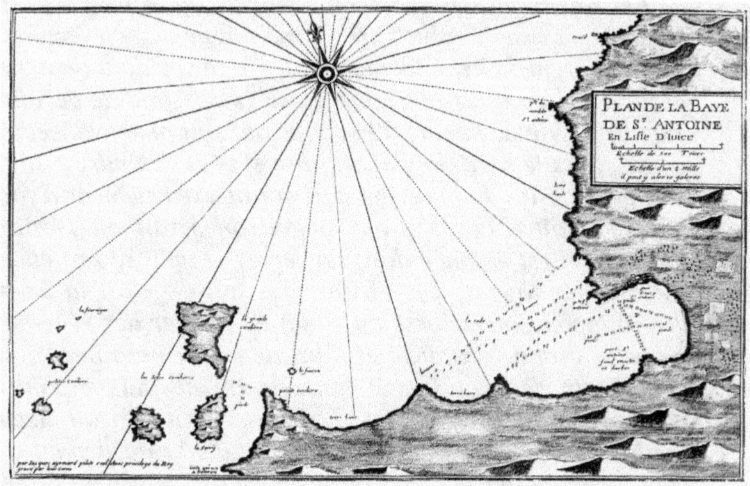

Retraçons le cours du récit tel que le rapportera l'astronome français le 7 décembre, une fois revenu au Desierto:

> *Le lendemain à midi* [24 octobre], *nous étions au port St Antoine d'Yvice, les instruments débarqués et en route pour Los Masons, et moi parti pour la ville d'Yvice avec le commandant du mystique M. Emmanuel de Vacaro. J'ai infiniment à me louer de la conduite de cet officier et de tous ceux qui sont sous ses ordres. Il m'a accompagné partout et ses connaissances nautiques m'ont été utiles dans plusieurs circonstances. Vous verrez tout à l'heure que son zèle ne s'est pas borné là et qu'il s'est chargé d'établir et de surveiller la plus pénible de nos stations. Le 24 au soir je suis arrivé à la ville d'Yvice. J'ai fait toutes les démarches nécessaires et le lendemain matin, je suis reparti pour le pic de Los Masons avec M. Vacaro et un pilote pratique des côtes de l'isle, le même qui avait accompagné Méchain dans son voyage.*

Le rayon visuel mené de Cullera au sommet de Los Masons rase plusieurs montagnes élevées, et particulièrement cette montagne de Campvey dont on m'avait parlé à Yviça. Il est par conséquent impossible de découvrir aucune partie de la côte d'Espagne qui soit plus avancée vers le sud. Vers le nord, la vue est libre et peut s'étendre jusqu'au Desierto de las Palmas, mais il serait extrêmement difficile de reconnaître Los Masons quand on serait au Desierto, parce qu'il est enfoncé dans les terres et qu'il se projetterait sur des montagnes plus élevées que lui. Or c'est là un très grand inconvénient lorsqu'il s'agit de diriger des réverbères à une si grande distance, et il est de la dernière importance de choisir des points sur lesquels on ne puisse point se méprendre. Enfin le pic de Los Masons n'offrirait aucune facilité pour les observations de latitude et du pendule. La vue y est très bornée du côté de la terre : on n'y découvre point la ville d'Yvice, encore moins Formentera, *et la maison du curé, la seule qui soit dans le voisinage, est placée dans un fond duquel on ne découvre rien. Ces considérations m'engagèrent à envoyer M. Rodriguez à Campvey avec le pilote pratique tandis que je resterais à Los Masons avec M. Vacaro pour saisir l'instant favorable où la côte d'Espagne se laisserait apercevoir. Ensuite, d'après le rapport de ces messieurs, je me décidai à transporter la station à Campvey.*

Nous avons souligné ici la phrase relative à la situation topographique de Sant Joan par rapport à Ibiza et Formentera qui peut paraître obscure. Il est difficile en effet aujourd'hui de déterminer quel inconvénient pouvait représenter le fait que la ville d'Ibiza ne soit pas visible depuis l'emplacement choisi pour la station par les géodésiens. La citadelle aurait pu sans doute servir de point de repère cartographié ou, vu qu'il devait toujours s'y trouver quelque lumière allumée, être utilisée de nuit comme mire pour les instruments de visée, comme nous verrons qu'ils le firent au Desierto. Il est possible également de supposer qu'il pût s'agir de contingences relatives à la transmission de message en cas d'alerte maritime.

Pour ce qui concerne Formentera, notons que c'est la première apparition de son nom dans la correspondance de J.-B. Biot, qui apporte ainsi confirmation que son utilité avait été envisagée dans le plan de triangulation de Méchain. Nous verrons cependant plus loin que Biot disposait à son arrivée d'un petit dossier d'information concernant la Pithyuse mineure.

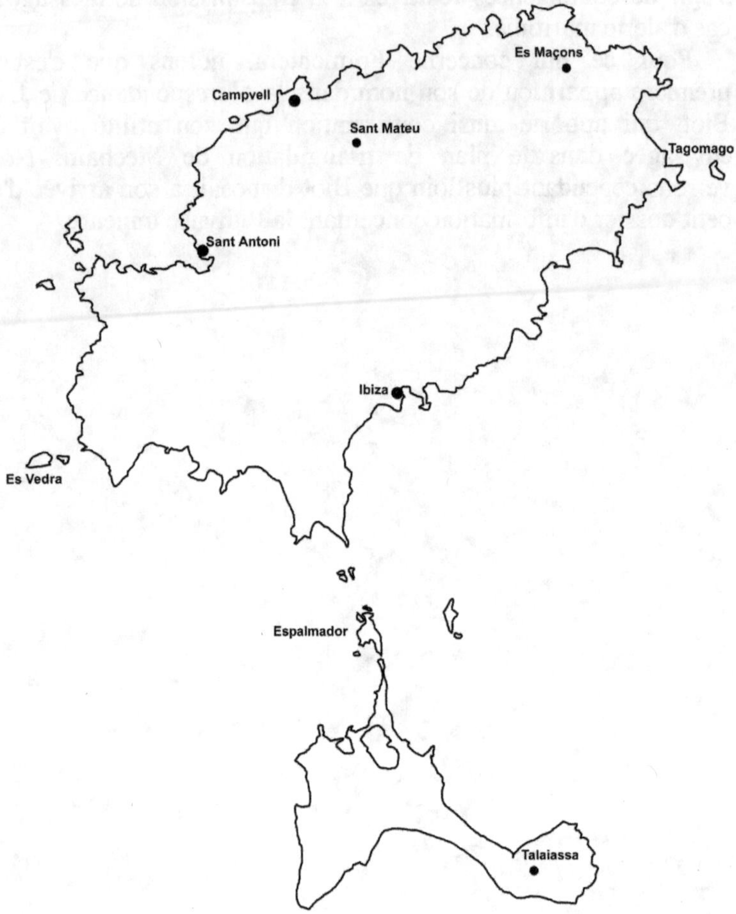

LES ILES PITHYUSES : IBIZA ET FORMENTERA

C'est la visite effectuée par Biot à la montagne du Campvell qui va constituer l'événement historique de son exploration de l'île d'Ibiza. Venu, rappelons-le, pour installer une batterie de réverbères sur le Puig des Maçons, y laisser Rodriguez et s'en retourner au Desierto de las Palmas pour commencer les mesures, il va se convertir, grâce aux avis de quelques témoins et à son exceptionnelle capacité d'observation, en l'acteur quasi involontaire de l'explosion du programme dont il ne se voulait d'abord que l'exécutant consciencieux.

Campvey est une montagne plus haute que Los Masons. Elle est située absolument au nord de l'isle sur le bord de la mer, de sorte qu'on ne peut la confondre avec aucune autre lorsqu'on la voit de la côte d'Espagne. La vue n'y est bornée par aucun obstacle ; toute la côte y est visible depuis Alicante. De là on voit la ville d'Yvice, et la partie élevée de l'isle de Formentera que l'on nomme la Mola. Surtout on y découvre clairement sur la côte d'Espagne, et l'on y voit tous les jours, la haute montagne de Mongo près de Denia. Pour Cullera, il est physiquement possible de la voir, et mieux que partout ailleurs, mais c'est un point si bas qu'il faut des occasions bien rares et bien favorables pour le distinguer. Méchain, qui avait aussi visité cette montagne de Campvey dans son voyage, paraît avoir été arrêté par la difficulté d'y transporter des instruments. Et en effet les mulets ne peuvent pas y monter, mais on a fait tout porter par des hommes dans les endroits les plus difficiles, et enfin la station a été préparée et la cabane montée en deux jours et demi. Les réverbères étaient dirigés au Desierto le premier novembre.

Il semble bien que ce n'est qu'à cette date du 1er novembre que Jean-Baptiste Biot soit monté pour la première fois au Campvell. Pour ne pas perdre de temps, dès le lundi 27 octobre, il a, en compagnie de Vacaro qu'il ne quitte pratiquement pas, loué une barque, « une petite felouque », afin d'entamer la deuxième phase de son exploration des Pithyuses. Bien qu'elle ne fût pas prévue initialement, celle-ci va provoquer le définitif épanouissement de la nouvelle architecture pressentie pour la future chaîne de triangles et apporter la solution immédiate de plusieurs problèmes consécutifs à l'abandon du programme de Méchain.

Pendant que l'on transportait les instruments à Campvey où ma présence n'était pas nécessaire, j'allai avec le commandant du Mystique [18] *à Formentera. On a fait beaucoup de contes sur cette isle ; on a dit qu'il y avait une quantité effroyable de serpents, que le petit nombre de natifs qui y vivent sont des hommes indisciplinés qui ne reconnaissent aucune autorité, ce qui fait pour les étrangers à peu près ce qu'étaient les habitants de la Tauride. Rien de tout cela n'est vrai, au moins à présent. L'isle de Formentera, déserte il y a cent ans, est aujourd'hui bien cultivée et produit beaucoup de blé, comme son ancien nom de "Fromentaria" paraît l'indiquer. Ses habitants sont extrêmement doux et bons. La moitié de l'isle est une plaine presque tout à fait unie, située au niveau de la mer et l'on y pourra mesurer une grande base ; l'autre moitié est un plateau fort élevé d'une lieue de longueur que l'on nomme La Mola et sur lequel on sera parfaitement pour les observations de latitude. On pourrait même je crois y mesurer la base, parce que la surface offre très peu d'inégalités. De là, on voit parfaitement Campvey et l'on découvre Mongo tous les jours à la vue simple, de sorte qu'en prenant cette dernière montagne pour une des stations de la côte, ce serait la chose du monde la plus facile de prolonger la méridienne jusqu'à Formentera. J'ai déjà reconnu et arrêté sur la cime de la Mola une maison où l'on placera les instruments pour observer la latitude et le*

---

[18] J -B. Biot ne sait pas encore à cette date si le navire s'appelle *le Terrible* ou *le Mystique* et continuera pendant quelques temps à écrire ce mot avec une majuscule et un *y* avant de trouver l'orthographe correcte de ce type de chébec appelé mistic en Catalogne, ou parfois *misticou* en Roussillon.

pendule. Par une des fenêtres de notre petit observatoire, nous verrons Cabrera et Mayorque. Par une autre fenêtre, nous découvrons toute Yvice, et la côte d'Espagne depuis Alicante jusqu'à Cullera. Enfin, au sud, nous avons l'Afrique, et s'il faut s'en rapporter à des témoignages que notre séjour à Formentera nous mettra en état de vérifier, peut-être ne serait-il pas impossible d'aller planter un jour des réverbères sur les côtes de Barbarie.[19]

Dans sa *Notice sur les observations faites en Espagne*, publiée en 1810 et qui servit de préface au *Recueil d'observations*, Biot résume, dans un autre style certes, mais en y apportant quelques précisions, son séjour à Ibiza.

Nous parcourûmes toutes les montagnes que l'île d'Yvice présente au nord, et d'où la côte d'Espagne peut être aperçue par un temps serein. Méchain en avait choisi une dont la position se prêtait au double projet qu'il avait formé de faire arriver la chaîne des triangles dans Yvice, par Mayorque ou par la côte de Valence ; mais maintenant que l'on s'était décidément arrêté à ce dernier projet, on pouvait trouver sur la côte d'Yvice d'autres montagnes plus favorablement situées pour cette destination particulière. Nous en distinguâmes une appelée Campvey, qui réunissait les avantages d'être plus au nord que toutes les autres, d'être aussi plus élevée, plus isolée, et dont le sommet chauve, tout formé d'un calcaire blanchâtre, devait être surtout facile à reconnaître de loin. Du haut de cette montagne, on voyait aussi la petite île de Formentera, dans le sud, à vingt-cinq minutes de distance[20]*. En liant cette île à nos triangles, on prolongeait l'arc de toute cette quantité. Nous y allâmes,*

---

[19] Voir en annexe l'aperçu de la prolongation des mesures en Algérie à la fin du dix-neuvième siècle.

[20] Vingt-cinq minutes de degré, c'est à dire la différence de latitude entre Ibiza et Formentera, équivalant à un peu plus de 46 km.

Rodriguez et moi, afin de reconnaître par nous-mêmes la possibilité de cette jonction, et aussi pour déterminer le point de la côte d'Espagne sur lequel on pourrait établir le sommet de ce dernier triangle. Ce plan arrêté, nous fixâmes notre dernière station dans la partie la plus montueuse de l'île, et nous louâmes, pour cet objet, la maison d'un pauvre paysan, bien étonné de voir des étrangers venir de si loin chercher une pareille habitation. De retour dans Yvice, on porta les réverbères sur le sommet de Campvey ; on y dressa une tente et une petite cabane en planches, que Méchain avait fait construire à Barcelone, et qui pouvait se monter et se démonter à volonté. Nous avions trois de ces cabanes pour les trois sommets du grand triangle, où nous devions séjourner longtemps ; faible abri contre les coups de vent et les tempêtes auxquels nous avons été si souvent exposés sur nos montagnes. Le temps, couvert et nuageux, ne laissant pas voir la côte de Valence, nous dirigeâmes de notre mieux les miroirs des lampes avec une boussole, d'après la position que les cartes donnaient au Desierto de las Palmas, où M. Arago était déjà placé. M. Rodriguez resta dans l'île avec quatre matelots, pour veiller à l'entretien des réverbères, et à ce qu'ils fussent exactement allumés toutes les nuits.

Le 7 décembre 1806, récapitulant pour ses confrères parisiens l'état de fonctionnement des stations, Biot précisera l'identité et le nombre des hommes qu'il a laissés à la Mola d'Albarca.

A Campvey nous avons six réverbères conduits par l'armurier du brigantin et deux matelots du mystique.

Le brigantin en question est bien entendu le navire sur lequel était venu Méchain en 1804, l'*Hypomenes*, et l'officier qui s'est enrôlé à nouveau sur la nouvelle expédition, le même armurier Juan Cini qui a déjà une bonne pratique des manœuvres et des instruments. Ces trois hommes, placés sous les ordres de José

Rodriguez ne seront relevés qu'à la mi-février de 1807, lors de la seconde venue du *Terrible* et passeront donc au service de la Commission pas loin de quatre mois à Ibiza et Formentera.

En ce qui concerne les préjugés évoqués par Biot au sujet de Formentera, ils sont bien sûr surprenants, car peu fréquents dans la littérature de l'époque et il est malaisé d'en discerner l'origine exacte. André Grasset de Saint-Sauveur, qui avait occupé durant cinq ans le poste de consul à Palma, était en 1806 sur le point de publier le rapport sur les îles Baléares et Pithyuses que lui avait commandé Talleyrand, le ministre des Affaires étrangères, partisan déclaré d'une intervention rapide en Espagne. Il est probable qu'une entrevue eut lieu au cours de l'été 1806 à Paris entre les membres de la Commission et le consul qui dut leur fournir sans doute oralement divers renseignements sur les deux îles où ils partaient. Ce qu'évoque Biot de la soi-disant sauvagerie rencontrée à Formentera provient plutôt sans doute de la correspondance ou du journal de Méchain et de ce qui fut raconté au défunt astronome lors de sa venue à Ibiza en 1804. François Arago, pour sa part, dans sa description de la station de la Mola, dans *Mesure de la Méridienne de France*, affirme que « les habitants de cette petite île sont très peu nombreux, et ceux d'Yviza les regardent comme des sauvages, quoiqu'ils ne soient pas eux-mêmes très civilisés ».

Une longue attente

On ne dispose d'aucun document de la main de José Rodriguez, notes, journal ou correspondance, relatif à son long séjour à Ibiza entre octobre 1806 et mars 1807. La seule œuvre imprimée sous son nom est le mémoire qu'il rédigea à la suite de sa collaboration aux travaux de William Mudge en 1812 sur la mesure de 3 degrés de méridien en Angleterre et que le Galicien lut devant la Royal Society de Londres cette même année. Les probables notes prises au cours des opérations aux Baléares en 1806, 1807 et 1808 font partie du lot d'archives disparues après sa mort dont parle son biographe, Ramon Maria Aller et l'ensemble des lettres déposées aux Archives de l'Université Compostellane concerne malheureusement toutes les années postérieures à cette période.

Une phrase de Jean-Baptiste Biot dans sa *Notice* nous donne cependant une idée en même temps que le sentiment du Français sur cet hiver au Campvell pour celui qui fut son élève au Collège de France et sans doute son ami dès les débuts de la Commission en Espagne.

> *Ce n'est qu'après avoir vu ces lieux sauvages, que l'on peut apprécier tout ce qu'il faut de zèle et de dévouement pour se résoudre à passer ainsi un hiver entier dans une pareille solitude, n'ayant pour compagnons que des matelots, pour nourriture que les aliments les plus grossiers, pour promenade que des débris de rocs, pour perspective que la vue uniforme et monotone de la mer.*

Si le panorama de la mer n'a guère changé depuis le sommet du Campvell, immense, vu de l'altitude de ses 400 mètres, la physionomie entièrement boisée de la montagne aujourd'hui ne ressemble sûrement pas à ce qu'elle était il y a deux cents ans. Le soutien des versants en restanques, en partie cultivées, l'exploitation du bois et de la pierre pour le charbon et la chaux devaient bien correspondre à l'image vue du lointain par les astronomes d' « un sommet chauve, fait de calcaire blanchâtre, nu et aride ». L'aridité est probable à la cime mais certainement moins sur les pentes, au sud en particulier. Quant à l'approvisionnement en nourriture, vraisemblablement frugal, aussi bien Biot que Arago spécifient dans leurs écrits qu'au Campvell les paysans des environs étaient trop pauvres pour leur fournir des aliments et qu'il fallait tout faire venir d'Ibiza.

Mais en cet hiver que l'on sait avoir été abondamment pluvieux par les dégâts causés aux moulins de Santa Eularia par la crue des torrents, ainsi qu'à Sant Miquel, il serait étonnant qu'une fois intégrés aux populations avoisinantes, les membres de la Commission ne puissent s'être procuré une nourriture acceptable. Une source située à quelques mètres seulement de Can Lladalt où réside José Rodriguez, irrigue toute une succession de jardins, les *Clots*, étagés au flanc du coteau, plantés de caroubiers, cognassiers, orangers, citronniers et roseaux aujourd'hui abandonnés. Tout autour sont réparties sur la montagne quelques maisons dont les plus vieilles, Can Coix, Can Blai, Es Canto, doivent correspondre à des sites probablement habités depuis longtemps. Biot parle aussi dans le *Recueil d'observations* de pêches fructueuses auxquelles il se livra, dans un but certes scientifique, “devant les rochers escarpés qui bordent le nord de l'île ”. Il nous dit y avoir capturé *lissas* et *vacas*, fort susceptibles d'agrémenter l'ordinaire en compagnie des matelots.

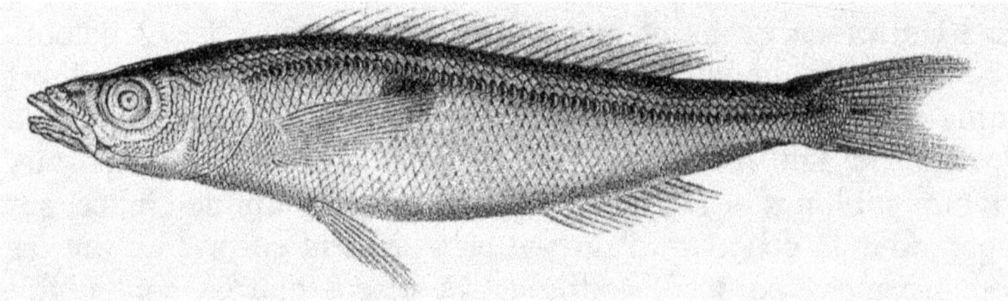

GERRET, (sparus smaris). Rare en France, mais très répandu à Ibiza et Formentera, il est connu des Français d'Afrique du Nord sous son nom espagnol de ***caramel***.

On peut cependant supposer que ces six mois ne furent pas toujours faciles pour le Galicien. C'est de Chaix que Jean-Baptiste Biot avait prévu de se faire accompagner à Ibiza mais l'astronome espagnol avait prétexté être « incommodé » par la mer. L'âge faisant autorité, Biot n'avait pas insisté. Il faut dire aussi qu'au départ, et une fois les réverbères allumés et correctement orientés vers le Desierto, le séjour du gardien de la station d'Ibiza n'aurait pu durer tout au plus que deux ou trois semaines, le temps de mesurer l'angle. Puis, au pire, deux ou trois autres pour les visées depuis Cullera. Biot serait revenu aux Pithyuses et Rodriguez repassé sur le continent s'occuper de l'une ou l'autre des stations du grand triangle. Mais rien ne se passera comme prévu.

Rodriguez a trente-six ans. Il est l'un des tout premiers mathématiciens espagnols indépendants, à savoir l'un des premiers à faire des mathématiques dans un but autre que de devenir médecin ou d'entrer dans l'armée ou la marine. Après son *bachillerato*, à vingt ans, et tout en suivant son cursus de théologie, son précepteur l'initia aux œuvres d'Euler, de d'Alembert, de Newton, de Jorge Juan et de Bernoulli. Les mêmes pratiquement que François Arago entrant à l'Ecole polytechnique. Et il semble avoir lui aussi franchi les étapes très rapidement. Lors de son élection à la chaire de mathématiques de l'Université de Saint-Jacques de Compostelle, le 12 octobre 1798, une communication à Sa Majesté affirme qu' « il est digne des plus hauts éloges: il est l'un de ces génies que la Providence fait naître de loin en loin pour les destiner aux savoirs sublimes ». Les plus éminents professeurs de Galice, ses juges pour le concours d'agrégation « restent surpris devant les connaissances de José Rodriguez et disent que ce sont plutôt eux-mêmes qui pourraient être ses disciples ». Après quatre ans de professorat à Saint-Jacques de Compostelle, il exprime dans sa requête sollicitant la permission de se rendre à Paris, le désir de « se perfectionner, d'étendre ses connaissances en science mathématique et s'instruire dans le maniement des appareils et des instruments nécessaires à ses applications ». En juin 1802, il est à Paris et suit des cours de botanique et de minéralogie. Dès l'automne 1803, il est inscrit au Collège de France puis fréquente l'Observatoire et les membres du Bureau des longitudes d'où il sera coopté pour partir aux Baléares.

Après leur visite à Formentera le 29 octobre et leurs projets d'installation d'un observatoire de campagne à la Talaiassa afin d'y réaliser les mesures de latitude et les expériences du pendule, Biot et Rodriguez sont remontés au Campvell. *El Terrible,* qui était resté ancré au port d'Ibiza de peur de ne pouvoir aborder à la calanque de Sant Agusti, reprend la direction de la Cala d'Albarca où les astronomes entreprennent l'ascension qui les mène vers leur nouvelle station. Ils y trouvent la cabane construite et les réverbères installés, six réverbères de fabrication française montés sur leur structure métallique munie d'un pied pour en assurer la stabilité. Il s'agit en fait de grosses lampes, peu différentes dans leur conception des lampes à pétrole encore en usage au vingtième siècle, décrites dans la *Notice* des opérations comme « lampes à courant d'air derrière lesquelles est placé un grand miroir de métal poli pour réfléchir la lumière ». Le combustible n'est pas le pétrole, qui n'existe pas encore en tant que tel à cette époque, mais l'huile de baleine (ou de cachalot). Nous savons que dans les soutes du *Terrible* une carafe d'huile de baleine est apportée à Ibiza. Nulle référence n'étant faite par la suite à ce sujet dans la correspondance ou le *Recueil d'observations,* il est à supposer qu'on en trouva sur place ou que ce carburant fut remplacé par l'huile d'olive généralement utilisée pour l'éclairage domestique.

Devant la persistance du mauvais temps qui empêche d'orienter correctement les réverbères vers le Desierto, et dans l'inquiétude qu'on peut supposer de J.-B. Biot quant aux développements de la crise sur le continent, son impatience de rentrer à Denia ira croissant au fil des jours. Tous les renseignements ou allusions à ce moment crucial ne vont apparaître que plus tard dans ses lettres adressées au Bureau en décembre, janvier et même février où le seul récit, bref et ambigu, est fourni du retour mouvementé du *Terrible* en cette première semaine de novembre 1806. Il semble très nettement qu'un voile de silence soit tombé immédiatement et tacitement sur les faits. On peut d'ailleurs probablement affirmer qu'aucun rapport complet ne fut jamais rédigé des avaries du mistic ni de la part du Français ni par le commandant Vacaro. Dans un courrier adressé à son supérieur, le capitaine-général Gil y Lemos en date du 11 novembre, lendemain de l'arrivée du *Terrible* à Denia, relatant son premier voyage à Ibiza, le lieutenant ne fera aucun commentaire ni même mention des incidents d'Espalmador. La première évocation qu'en fait pour sa part l'astronome survient au sujet de la construction des piliers qu'il a chargé Rodriguez de faire exécuter à Formentera, dans une lettre, dit-il « que je lui écrivis dans mon premier voyage, lorsque je me trouvais arrêté dans l'île déserte d'Espalmador ».

Ce n'est que par recoupements que l'on peut établir la date de départ du port d'Ibiza au mardi 4 ou mercredi 5 novembre. Ayant échoué à orienter correctement le signal du Campvell en raison de l'impossibilité de distinguer le Desierto, Biot se rendra au port, attendra sans doute deux ou trois jours pour observer l'évolution du ciel, puis décidera malgré le temps qui empire de prendre la mer. Il écrira le 15 décembre de Tarragone :

Si je n'eusse presque forcé le commandant du mistic à partir d'Yvice par un temps plus qu'incertain, comme la suite l'a prouvé, je serais encore arrêté aujourd'hui dans cette isle par les vents du nord et de l'ouest qui n'ont cessé de souffler depuis cette époque.

C'est donc bien contre l'avis de Vacaro que Biot donna l'ordre d'appareiller. Les seuls éclaircissements, d'un seul jet, viendront le 15 février dans sa lettre écrite de Denia, au retour du *Terrible* parti porter l'ordre à Rogriguez de braquer à présent les réverbères du Campvell vers la station du Montgo.

Cette fois le mistic a perdu sa chaloupe et une de ses antennes brisée par un coup de mer. La dernière fois, nous sommes restés pendant trois jours et deux nuits avec les haches sur le pont, prêts à couper les mâts et délibérant sur la possibilité ou l'impossibilité de sauver l'équipage en perdant le navire. Ayant hasardé, le commandant et moi de sortir de cette anxiété en nous jetant à terre dans la chaloupe, personne n'a voulu suivre notre exemple de peur que la chaloupe ne fût renversée par la force des vagues ou brisée contre le rivage en mille pièces, et ils aimèrent mieux attendre leur sort qui au reste ne fut pas malheureux.

Trois jours et deux nuits… Quelle est la force exacte de la tempête ? Est-ce au sud d'Ibiza que le *Terrible* est ainsi malmené ? A-t-il franchi le détroit des Freus ? Comment parvient-il au bout de trois jours à revenir près d'Espalmador ? Tout ce que l'on peut faire est imaginer qu'une fois dépassé le Vedra en route pour Denia et pris sous le plus fort de la tourmente, le navire ayant mis à la cape se laissera déporter vers le sud, le capitaine parvenant à se maintenir à l'abri précaire des terres… Quoi qu'il en soit, Vacaro et Biot sont déposés à

Espalmador et attendront que l'orage se calme et que le *Terrible* vienne les rechercher. [21]

Dans la *Notice* déjà citée, l'astronome évoquera l'endroit comme « une petite île sablonneuse et abandonnée, où il n'y avait pour habitants qu'une pauvre famille de pêcheurs, et le vieux gardien d'une tour défendue par quatre soldats malades, que l'on relevait tous les mois. Jamais on ne vit de plus profonde misère ; mais, dans cette misère même, il y avait encore de la vanité : le gardien de la tour méprisait beaucoup les pauvres pêcheurs. »

La tour d'Espalmador telle qu'on la connaît aujourd'hui date de 1750 et a toujours joué un rôle clé pour le contrôle du détroit des Freus avec la tour de Ses Portes qui se dresse à 5 kilomètres plus au nord, sur l'île d'Ibiza. L'existence d'une tour est cependant déjà mentionnée sur les plus anciennes cartes du

[21] Notons que plutôt que des mâts, Biot veut sans doute parler des écoutes qu'il s'agit de trancher dans le but de soustraire le navire à la poussée exercée par la tempête. Les nœuds qui retiennent ces cordages tendus à l'extrême et durcis par l'humidité sont alors impossibles à défaire.

seizième siècle et il est à croire que, quelle qu'en fût l'architecture, elle exista de tout temps, y compris à l'époque de la précédente "indépendance" de l'îlot, quand sa baie, excellent abri, ses puits et ses citernes étaient connus de tous les marins de la Méditerranée. Mais il semble bien que même au seizième etdix-septième, où Formentera, dont on peut dire qu'elle fait géographiquement partie, était inhabitée, elle resta sous le contrôle et entre les mains des Ibizains.

Il n'en fut plus de même quand l'île de Formentera commença de se repeupler. En 1695 et 1699, quand par suite de deux grâces royales, la quasi-totalité des terres cultivables de l'île fut attribuée à Marc Ferrer et à son gendre, Espalmador resta à part, donc domaine royal, au même titre que les autres îlots côtiers, le Vedra ou Espardell, traditionnellement réservés ou destinés à l'abri des valeureux gardiens de la mer que furent les marins pithyuses et en particulier formentériens. Ces derniers, et les autorités qui existent désormais sur la Pithyuse mineure, vont cependant rapidement prendre en main la gestion de l'îlot dans ce qu'il représente d'essentiel pour la défense et l'économie de Formentera: contrôle et protection du trafic naval transportant le sel extrait des étangs formentériens, exploitation de la madrague que l'on installe chaque année dans le détroit pour capturer le thon et utilisation de la baie qui constitue un refuge en cas de mauvais temps ainsi que des points d'eau tout proches.

Tout cela va être administré par la famille Tur Damia descendante directe du même Marc Ferrer et au sein de laquelle s'exerce à Formentera la totalité du pouvoir. A la fin du dix-huitième siècle, les deux postes clé de contremaître des salines et de capitaine de la milice sont détenus par deux cousins germains, tous deux arrière-petits-fils du fondateur Marc Ferrer. Le fait est reflété par la quasi-totalité des documents relatifs au premier siècle de l'histoire du repeuplement de Formentera, mais aussi par un très précieux texte signé de l'auguste nom de *Miguel Cayetano Soler* datant de 1798 [22]. Le fonctionnaire royal

[22] Juana Ferrer i Ferrer, in revue *Eivissa* 1974, n° 4, 3ème époque.

majorquin met au mois de mars de cette année-là un point final à son séjour de quatorze ans aux Pithyuses, peu avant d'intégrer le poste de secrétaire aux Finances que lui offre Sa Majesté Charles IV en la capitale du royaume. Il met aussi par ce texte la dernière main à la législation qui va régir désormais l'occupation du territoire de l'archipel. Et c'est à la fin de son rapport qu'il annonce avoir décidé d'établir les îlots précédemment cités aux deux influents personnages de Formentera, Mariano Tur Riera et Carlos Tur Vich. Le premier reçoit l'établissement de Vedra et Vedranell, ainsi que d'Espardell, tandis que le second se voit octroyé celui du kilomètre carré et demi d'Espalmador. Miquel Soler ajoute, et semble faire un des motifs de sa décision le fait que notre capitaine « avait proposé l'union de Formentera et Espalmador, et qu'il n'y était point parvenu en raison de graves difficultés que la tentative a rencontrées. »

Espalmador, pièce maîtresse de la défense de l'île de Formentera, devait donc naturellement être exploitée depuis le début du dix-huitième par la famille de Carlos Tur. Quel besoin de l'y relier par voie terrestre ? Peut-être faciliter la circulation des travailleurs de la madrague ou celle des miliciens de l'île affectés à la tour. Sans nul doute se manifeste dans ce projet d'union la volonté d'assurer au nouveau pouvoir de Formentera la haute main définitive sur Espalmador dont le statut dépend encore en 1798 de l'autorité militaire siégeant à Ibiza. Les « pauvres pêcheurs » découverts par Biot et Vacaro seraient donc les métayers de Tur Damia qui a fait construire, peut-être sur des ruines plus anciennes, la ferme qui exploite les quelques arpents de céréales nécessaires à leur subsistance et les exploitera jusqu'aux années 1930, quand l'île sera finalement vendue à des particuliers.

L'UNE DES QUATRE TOURS DE GUET DE FORMENTERA

Nous savons qu'à la tour d'Espalmador en 1801 étaient affectés un gardien titulaire et un milicien de Formentera, sans doute notre pauvre pêcheur, et des documents officiels datant de 1805 font état du rôle centralisateur de la tour, chargée de transmettre à Ibiza les alarmes en provenance de l'autre côté de Formentera. Les tours du Cap de Berberia, de Pi des Català et Gavina ainsi que probablement la Talaiassa de la Mola transmettaient l'alarme aux hommes en faction sur le toit de l'église de San Francisco qui à leur tour, par feux de nuit, ou fumée de jour, l'acheminaient à Espalmador. De là, on allumait alors des feux ou tirait le canon pour alerter la citadelle d'Ibiza. Les quatre soldats malades dont parlera J.-B. Biot sont donc probablement des artilleurs nommés au début de 1806 pour servir les nouvelles pièces installées sur la tour à la demande du Capitaine général Vives en raison de la guerre. Ces hommes, et le qualificatif dont il les accompagne, laissent, nous le comprendrons plus tard, un bien mauvais souvenir à M. Biot.

Une autre des conséquences de la malencontreuse aventure de Jean-Baptiste Biot, ainsi que peut-être l'un des autres motifs de sa précipitation à vouloir quitter Ibiza aux premiers jours de novembre, va se manifester trente jours plus tard. Au deuxième feuillet de la longue missive écrite au Desierto le 7 décembre, dans laquelle il expose à ses collègues du Bureau des longitudes les modifications apportées aux plans de Méchain suite à la visite qu'il vient d'effectuer aux Pithyuses, Biot affirme qu'à l'altitude du Desierto, ils ne risquent pas de contracter de fièvres tierces [23]. Il signale à ce sujet en avoir trouvé « des restes très multipliés à Cullera, à Denia et à Yvice » mais qu'heureusement il n'en a pas été atteint. Malgré cela, le soir du 8 décembre, lendemain donc de la longue lettre, il est pris d'une violente attaque de fièvre [24]. Le souvenir de Méchain qui deux ans auparavant avait péri d'un mal semblable, ne lui laisse pas le temps de tergiverser et il se met dès le lendemain matin en route pour Tarragone où il ira se réfugier chez le docteur Marti.

Je suis en route pour vous demander des secours et l'hospitalité.[...] Je suis en route sur un mulet avec un conducteur, pouvant à peine me soutenir. Si je continue ma route sans m'arrêter, je serai chez vous avant ma lettre - mais si la fièvre me retient à l'Hospitalet ou à Amposte, je n'arriverai qu'après elle. De grâce alors envoyez-moi une voiture, car ce n'est qu'à Tarragone que je trouverai dans vos bontés et celles de votre famille le moyen de recouvrer ma santé perdue. Adieu monsieur, je vous embrasse et j'espère que ce n'est pas pour... [25]

---

[23] Forme de paludisme où les accès de fièvre ont lieu toutes les quarante-huit heures.

[24] Le *Recueil d'Observations* signale en date du 8 décembre que Biot s'est livré à des observations "entre 6 heures et 8 heures du soir". Il note sur son journal de bord : "Vent fort ; les réverbères d'Ibiza restent invisibles. Ceux du Mongo et d'Espadan très brillants."

[25] La lettre, datée du 10 décembre 1806, s'interrompt sur ces mots et porte le seul mot « Biot » écrit au bas de la page. Elle provient des archives du docteur Marti, publiées à Barcelone par A. Quintana i Mari (1935).

Biot a immédiatement, au matin du 9 décembre, absorbé une dose de *quina* [26] qui va lui permettre de résister durant les trois jours de voyage à Tarragone. Le docteur lui ordonne quarante jours de repos. Mais dès sa lettre du 15 décembre, dans laquelle il déclare avoir contracté la fièvre dans son voyage à Ibiza, « car j'en avais, dit-il, ressenti les symptômes à mon retour, dans l'isle d'Espalmador », il semble que les attaques s'espacent, et le 19 il s'affirme guéri et envisage de « retourner aux montagnes ». Le 24 décembre, le nom de Biot réapparaît sur le registre d'observations du Desierto où François Arago a continué durant ces deux semaines ses visées des stations environnantes et d'Ibiza quand la visibilité s'y prête.

Car si l'attaque de fièvre de Biot a été l'événement marquant de cette première semaine de décembre 1806 pour les deux hommes, l'apparition des réverbères du Campvell survenue le 4 décembre est sans doute le plus important surtout en ce qu'elle vient clore un mois entier de recherche et d'incertitude quant à la suite de leurs travaux.

---

[26] Plante rapportée du Pérou et de l'Equateur par La Condamine, dont l'écorce contenant la quinine était déjà connue au dix-septième siècle pour ses vertus fébrifuges.

A la recherche d'Ibiza

Faisant allusion à sa maladie, tentant d'en expliquer la cause à ses collègues de Paris et justifier le retard prévisible des travaux, J.-B. Biot invoquera l'intense activité déployée tout au long du mois de novembre. Il est vrai qu'il n'a pas chômé depuis son retour d'Ibiza. Après avoir consulté le vice-consul Morand à Denia et appris que Napoléon, vainqueur en Prusse, ne trouve plus de résistance dans les royaumes d'Allemagne et continue sa marche vers l'est, l'astronome a immédiatement entrepris l'ascension du Montgo en compagnie du lieutenant Vacaro. Le *Terrible* restant ancré au port de Denia, il semble réalisable au commandant du mistic d'organiser l'aménagement d'un refuge au sommet, à 750 mètres d'altitude. Il bénéficie pour cela, outre son équipage, de l'appui bienveillant et des relations de Morand qui apparemment jouera un rôle important à l'heure d'embaucher la main d'œuvre, un groupe de bagnards, nécessaire au tracé du sentier et à la construction de l'abri destiné aux matelots qui resteront en garde des instruments.

A Mongo, il a fallu tailler un sentier dans le roc, monter les réverbères, la cabane et les tentes à force de bras, les établir enfin sur la cime pierreuse de cette montagne où jamais je vous assure on n'en avait placé auparavant. Il a fallu pour cela plus de cent hommes, et autant pour tailler le chemin.

Ce travail, encore nettement visible aujourd'hui, a consisté, dans le lapiaz qui constitue le sol de toute la partie supérieure du Montgo, à supprimer les ciselures et l'entrelacs de crevasses, profondes parfois de cinquante centimètres, qui empêchent pratiquement le passage des hommes et des mules. Les escouades de prisonniers ont donc véritablement creusé, sur une largeur d'un mètre environ, un chemin en brisant la multitude d'étroites arêtes rocheuses dont le sol est constitué.

LE MONTGO VU DE DENIA

Il faut également signaler que cette phase de la triangulation comprenait simultanément l'observation angulaire des stations d'Arès et d'Espadan, où plusieurs incidents pittoresques se produiront, relatés par J.-B. Biot dans sa lettre du 7 décembre :

A Espadan et à Arès, on n'a que des tentes pour toute habitation, frêle abri contre le vent du nord qui les déchire et les emporte dans les précipices. [...] A Espadan, nous avons placé un homme que m'a donné M. Lanusse, agent de France à Valence. C'est un simple ouvrier qui n'avait jamais vu de réverbères, mais qui est patient et intelligent. Nous lui avons montré la manière de les entretenir, de les diriger, et aucune station n'est plus exactement servie que la sienne. Il y a deux jours que le vent du nord a déchiré sa tente et l'a emportée au bord du précipice avec les réverbères. Arago lui en a porté une autre et la station est rétablie. [...]. A Arès, nous avions un paysan de Valence qui avait suivi M. Méchain dans l'ancienne commission. Le vent lui a aussi emporté sa tente ; il est revenu au Desierto tout effrayé, refusant de se charger davantage de cette commission périlleuse, et il est devenu la risée de tous les braves paysans qui sont avec nous. Ce matin, Arago est parti avec deux hommes pour rétablir la station, et nous verrons demain les réverbères, parce qu'on marchera toute la nuit. Vous voyez, mon cher confrère, que nous ne perdons point de temps. Arago est infatigable. Il s'est donné mille peines, il a eu mille fatigues à supporter pour établir à temps la station de Cullera qui est devenue inutile, celle du Desierto où nous sommes, deux fois celle d'Espadan, une fois celle d'Arès, et enfin pour travailler avec moi aux observations.

Dans le *Recueil d'observations géodésiques, astronomiques et physiques*, ouvrage publié conjointement en 1821 par F. Arago et J.-B. Biot, qui offre un récapitulatif détaillé et chiffré des mesures et expériences opérées dans chacune des stations, il s'avère que les premières observations du signal du Montgo depuis le Desierto eurent lieu le 28 novembre. Biot, qui est remonté au monastère depuis peu, observe ce jour-là en compagnie d'Arago l'angle formé par la cabane du Montgo et le sommet d'Espadan, distant de quarante kilomètres, où se trouve José Chaix. Dans la nuit du dimanche 30, par beau temps, ils en feront la première mesure précise et intercaleront ces observations avec celles de la station d'Arès. Mais l'on sait que toutes ces manœuvres interviennent pour occuper le temps rendu disponible par l'occultation persistante des réverbères du

Campvell qui, allumés chaque nuit depuis le début de novembre, restent obstinément invisibles. On se souvient de quelle manière approximative avaient alors été orientés les miroirs réflecteurs et l'on peut supposer la consternation de J.-B. Biot ainsi que d'Arago, qui lui depuis trois semaines déjà braque la lunette de son cercle en direction d'Ibiza. Pourtant les nuits sont claires et plusieurs fois, raconte Biot dans la *Notice*, ils avaient pu voir « au coucher du soleil, les montagnes d'Yvice s'élever dans le lointain, au-dessus de l'horizon de la mer, distinctes et bien terminées » [27]. Le découragement semble alors s'emparer de l'astronome.

Combien de fois, assis au pied de notre cabane, les yeux fixés sur la mer, n'avons-nous pas réfléchi sur notre situation, et rassemblé les chances qui pouvaient nous être favorables ou contraires ! Combien de fois, en voyant les nuages s'élever du fond des vallées, et monter en rampant sur le flanc des rochers jusqu'à la cime où nous étions, n'avons-nous pas recherché dans leurs oscillations les présages heureux ou malheureux d'un ciel couvert ou serein ! On a dit, avec vérité, que l'aspect des lieux prend une couleur agréable ou sombre, selon les sentiments dont l'âme est agitée. Nous l'éprouvions bien fortement alors. De la porte de notre cabane nous avions une des plus belles vues du monde : à notre gauche, mais fort au-dessous de nous, le cap Oropeza élevait dans les airs ses aiguilles qui servent de signaux aux navigateurs ; derrière nous, en se prolongeant dans l'ouest, s'étendaient les chaînes de montagnes noirâtres, qui, comme un rideau, abritent le royaume de Valence du côté du nord, et conservent à cet heureux climat la douce température dont il jouit. Sur notre droite, à l'autre extrémité

---

[27] Rappelons que la précision géodésique nécessaire à la mesure des angles sur de grandes distances ne peut être obtenue que de nuit grâce à la visée du point lumineux produit par la batterie de réverbères.

du golfe, le Mongo sortait du sein de la mer, semblable à une île éloignée ; tandis qu'à nos pieds, dans une enceinte de trente lieues [soit 120 km], *on voyait, le long de la mer, ces belles et fertiles plaines de Valence, vaste jardin entrecoupé de mille ruisseaux, et tout couvert d'oliviers, d'orangers, de citronniers, dont la verdure éternelle formait le plus doux contraste avec les sommets blancs des montagnes neigées. Plusieurs villes et de nombreux villages embellissaient encore et variaient cette perspective, par leurs formes diverses ou par les souvenirs qu'ils rappelaient. A quelques lieues de notre désert, nous voyions Castillon de la Plana, où Méchain est mort, et où est son tombeau. Plus loin, l'ancienne Sagonte, aujourd'hui Murviedro, dont les habitants se brûlèrent autrefois, avec leurs familles, pour ne pas tomber en esclavage, et dont la colline, théâtre et témoin muet des révolutions des âges, porte à sa base des restes de monuments romains, sur sa pente des ruines de fortifications arabes, et sur sa cime des ermitages chrétiens. Plus loin encore, on découvrait les tours de la brillante ville de Valence, heureux séjour du peuple le plus insouciant et le plus frivole. Mais ces beautés, que notre imagination nous retrace aujourd'hui avec tant de charmes, n'avaient alors pour nous aucun attrait.*

Tout remplis de la seule idée qui nous occupait, nous ne songions, nous ne pouvions songer qu'à nos travaux, et aux invincibles obstacles qui, nous arrêtant au commencement de notre entreprise, nous ôtaient les moyens et jusqu'à l'espoir de la terminer. Tantôt nous pensions que les miroirs avaient été mal dirigés, ou que quelque coup de vent avait emporté la cabane et l'avait jetée dans la mer ; car nous avions déjà perdu plusieurs tentes par de semblables accidents, et nous n'avions pu en préserver notre pauvre cabane qu'en passant, par-dessus, des câbles et la liant au rocher. Quelquefois l'approche d'une belle nuit nous remplissait d'espoir ; mais cet espoir était toujours trompé.

Biot et Arago savent alors que le temps leur est compté. Quand dans sa lettre du 7 décembre, le premier parle de ses perspectives de réalisation des travaux pour « cette année », il entend bien que celle-ci se termine approximativement au mois de mai, date à laquelle il est convaincu que le climat devient dangereux, pour la santé en raison des risques de fièvres et pour la sécurité des liaisons avec Ibiza menacée par l'activité maximale des corsaires durant les mois d'été. Il prévoit donc d'achever avant tout le grand triangle (Desierto - Campvell - Montgo) sur lequel repose toute la suite des opérations. Tout dépend actuellement de l'apparition du signal allumé par Rodriguez qui permettra la mesure du premier angle, le déplacement des instruments à Montgo pour observer l'angle Campvell - Desierto et finalement le deuxième voyage à Ibiza pour fermer ce qui sera, et il s'en glorifie déjà, le plus grand triangle géodésique jamais tenté par-dessus les mers.

Il se donne apparemment jusqu'à Noël pour l'angle Montgo - Campvell puis les « deux plus beaux mois » de janvier et février pour les deux autres, considérés comme plus faciles, mais à condition que les angles ayant leur sommet au Desierto (Arès, Espadan et les adjacents de Cullera) soient eux aussi achevés. La suite du programme étant de finir l'ensemble de la triangulation de toute la chaîne continentale avant mai, en réservant la mesure de la latitude à Formentera pour la deuxième campagne, à l'automne 1807.

L'attente durera jusqu'au 4 décembre. Après avoir cherché, parfois très tard au cours des rares nuits claires, après avoir pourtant vu au soleil couchant plusieurs fois les hauteurs d'Ibiza éclairées, à 160 kilomètres dans le lointain, on a l'idée d'utiliser les deux lunettes du grand cercle de Fortin et de créer un point de repère à terre afin de retrouver désormais "automatiquement" le Campvell :

Nous imaginâmes un moyen simple et décisif pour lever toutes nos incertitudes, et pour découvrir sûrement nos signaux, si toutefois il était possible qu'on les aperçût. Nous plaçâmes le plan de notre cercle dans une position horizontale ; puis, au coucher du soleil, un soir que le ciel était parfaitement serein, et que le beau temps et l'absence de la lune promettaient une nuit profondément obscure, nous promenâmes lentement l'une de nos lunettes le long de l'horizon de la mer, jusqu'à ce qu'elle rencontrât les montagnes d'Yvice qui s'élevaient au-dessus de cet horizon à d'inégales hauteurs. Après les avoir longtemps examinées, nous choisîmes la plus haute, la plus au nord, celle dont le sommet nous paraissait le plus découvert, celle, en un mot, dont l'aspect et la forme ressemblaient davantage à ce que j'avais remarqué dans la montagne de Campvey. Certains que c'était là le lieu précis où étaient placés nos feux, nous fixâmes la lunette dans cette position, et nous attendions avec une vive impatience que la nuit, devenue tout à fait sombre, nous permît de les distinguer. Cette fois notre espérance fut satisfaite: nous aperçûmes dans le champ de la lunette un point lumineux, très petit, presque imperceptible, semblable à une étoile de cinquième ou sixième grandeur, mais qui se distinguait d'une étoile par son immobilité. C'était donc à cela que se réduisait la vive et brillante lumière de nos lampes: pouvions-nous être surpris de ne l'avoir pas distinguée dans nos lunettes, en les promenant au hasard sur le ciel pendant la nuit ? et au contraire n'eût-il pas été surprenant que nous eussions pu les remarquer ? Ce n'était donc pas une impossibilité physique qui avait arrêté nos observations ; c'était une difficulté désormais connue et facile à surmonter, en traçant sur notre cercle des indices qui pussent nous faire retrouver justement cette direction, au milieu de l'obscurité la plus profonde. C'est ce que nous fîmes en dirigeant la seconde lunette de notre cercle sur un autre signal de feu placé seulement à dix lieues de distance, et qui était visible presque toutes les nuits à cause de sa proximité. En lisant sur le cercle l'angle compris entre les deux lunettes, cet angle, une fois connu, permettait de diriger exactement l'une d'elles sur le signal d'Yvice dès que l'autre l'était sur le signal voisin. Je ne saurais exprimer l'émotion que nous éprouvâmes, lorsque après tant de peines et tant de doutes, nous eûmes enfin la certitude de réussir

.

Entre le 4 et le 9 décembre, l'angle Montgo - Campvell sera mesuré plus de vingt fois et François Arago, seul désormais en l'absence de J.-B. Biot parti pour se soigner à Tarragone, note dans son registre que le temps s'est couvert à partir de ce jour-là. Pour profiter des nuits favorables qui vont se présenter de façon très intermittente jusqu'à la fin de janvier et dans l'incertitude entourant le retour de Biot, Chaix vient le rejoindre au Desierto le 16 et ils opéreront une nouvelle série de mesures, observant tous les soirs entre cinq heures et demi et sept heures du matin durant la semaine suivante afin de déterminer définitivement l'angle nord du grand triangle. Le jeudi 25 décembre, « par temps calme », et une température de treize degrés après le coucher du soleil où ils voient le Campvell s'allumer, François Arago et Jean-Baptiste Biot, qui est arrivé la veille, inscriront la valeur de l'angle, correspondant de quelques centièmes de seconde à celle qui sera considérée comme définitive : 42° 5' 36"35.

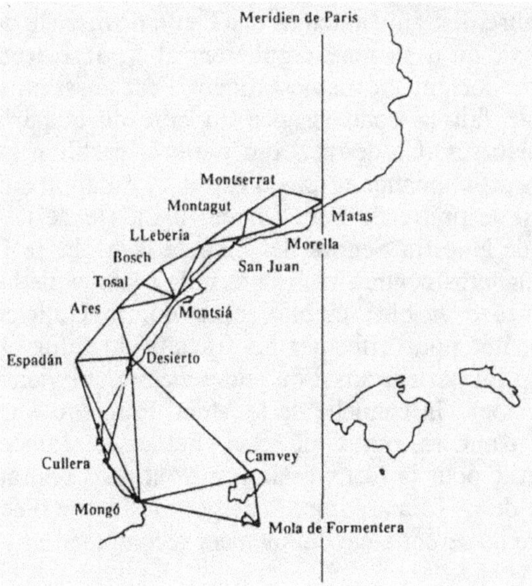

LE GRAND TRIANGLE : Desierto-Montgo-Campvell

On ne sait si José Rodriguez, en attente au Campvell, fut tenu au courant du déroulement des opérations au Montgo et au Desierto où son signal venait d'être enfin découvert. Un message fut-il porté aux matelots du *Terrible* en faction à Can Lladalt auprès des réverbères de la part du lieutenant Vacaro leur annonçant une prochaine relève ? Quoi qu'il en soit, on sait que celle-ci n'eut lieu que la première semaine de février 1807 et qu'une fois orientés les signaux vers le Montgo, elle permit d'y commencer les mesures des angles Desierto – Campvell, Desierto - Mola et Campvell - Mola qui occupèrent Jean-Baptiste Biot, François Arago et José Chaix jusqu'au début du mois de mars.

A l'église de Sant Mateu, à une heure de marche de la station, où l'on sait qu'il se rend régulièrement [28], José Rodriguez qui, en plus de docteur en mathématiques l'est aussi en théologie, a sans doute fait la connaissance du curé de la paroisse, Josep Antoni Llaneres. Ce dernier, qui parle le castillan avec aisance et, on le sait, ne manquait pas d'esprit [29], lui apprendra qu'avant de devenir le prêtre de Sant Mateu, il l'a été de la toute jeune paroisse de Nuestra Señora del Pilar, à la Mola de Formentera. L'abbé Llaneres connaît bien la famille Mayans de la Talaiassa, famille pieuse et bien établie, chez qui le Galicien devra se rendre bientôt pour effectuer les travaux du futur observatoire. Don Josep lui parlera aussi du jeune vicaire qui vient de prendre sa succession à la chapelle de la Mola. Francesc Tur, âgé d'une trentaine d'années, natif de San Francisco Javier sera une relation utile pour la Commission, surtout dans ses rapports avec la famille de la Talaiassa qui hébergera les astronomes et auprès de laquelle ils seront ainsi doublement recommandés.[30]

---

[28] José Rodriguez et les deux auxiliaires qui vinrent en février 1807 relever leurs collègues qui venaient de passer plus de trois mois au Campvell, allèrent à confesse et firent leurs pâques le dimanche 29 mars à l'église de Sant Mateu. Leurs noms furent ainsi consignés sur le registre paroissial en tant qu'habitants de can Lladalt, inscrite ces années-là sous l'appellation temporaire de *Casa de la Comissió*. (J. Mari Cardona in *Balansat*)

[29] En font preuve deux lettres écrites à son évêque, Blas Beltran, publiées par J. Mari Cardona. L'abbé Llaneres y fait part très habilement à Mgr Beltran des réticences de ses paroissiens quant au nouveau système des prénoms à donner aux enfants que tente d'imposer le nouvel évêque. Afin d'en finir avec le très étroit éventail de prénoms utilisés aux Pithyuses, ce dernier proposait de baptiser les nouveaux-nés du nom du saint de leur jour de naissance.

[30] Nous reviendrons plus loin sur Francesc Tur Ferrer, *Mossenyer Sord*, passionnante figure du clergé local de l'époque et une étude un peu plus approfondie nous permettra peut-être de clarifier tant le rôle qu'il a joué auprès des trois centaines de paroissiens de la Mola que l'évolution de la trajectoire politique au cours du *Trieno Constitucional* de celui qui sera qualifié par J.-B. Biot d' "excellent homme, beaucoup plus instruit que ne l'est ordinairement la classe inférieure du clergé en Espagne". Le même Biot, en 1808, affirmera : « Il s'informait du progrès de nos observations et prenait à tout ce que nous faisions un véritable intérêt. »

La guerre

Sa fréquentation probable du curé de Sant Mateu a mis l'astronome galicien en contact avec d'autres aspects de la réalité de la région. Il rencontre le dimanche le *batlle* (le maire) et le responsable de la Milice avec qui, on peut le supposer, il est amené à communiquer, voire collaborer, en ce qui concerne les tâches de surveillance de la mer auxquelles elle est astreinte. La position exceptionnelle et privilégiée du lieu choisi par les géodésiens pour leurs observations ne peut pas ne pas interférer avec les sites habituels de guet dont sont chargés les miliciens du canton de Campvell et d'Albarca en faction. Rodriguez entendra parler bientôt des hauts faits auxquels ont participé ces hommes durant l'été passé. L'historien Isidor Macabich nous rapporte brièvement les événements: le 14 août, « deux felouques ennemies » s'approchent de la calanque d'Albarca et tentent de débarquer afin, affirme-t-on, de voler des brebis qui sans doute pâturent en liberté dans ces zones escarpées ou dans des enclos proches du bord de la falaise. L'alarme est donnée et le feu nourri des escopettes des miliciens bien décidés à repousser l'attaque parvient à faire rembarquer les assaillants. Rodriguez s'intéressera certainement beaucoup à ce récit et c'est probablement au sujet de la défense de la zone qu'il posera ses premières questions au sergent de la brigade du Campvell ou au maire de Sant Mateu. On lui apprendra que tous les hommes âgés de seize à soixante ans habitant les environs sont mobilisables à toute heure du jour et de la nuit. Au signal d'alarme, l'*avalot*, généralement sonné dans la conque marine ou par message transmis de voisin en voisin, chacun doit se rendre au point convenu de rendez-vous afin de se mettre aux ordres de son chef de brigade. Rodriguez réalisera que c'est donc près d'une centaine d'hommes qui firent feu ce matin d'août sur l'équipage des felouques ennemies.

Le Galicien constatera alors avec curiosité, et peut-être inquiétude, qu'il se trouve sur une sorte de ligne de front maritimo-terrestre et que la défense de la terre est laissée intégralement entre les mains des habitants de la côte, qui ont tout intérêt à se plier à la rigueur du règlement de la milice s'ils veulent préserver la sécurité de leurs terres et de leurs logis. Il aura déjà entendu parler, à Valence, Tarragone ou Denia, de la situation qui règne sur les côtes du Levant depuis Barcelone jusqu'à Gibraltar mais sans en éprouver d'aussi près l'inquiétante réalité.

Mais ces attaques, à Ibiza, sont-elles si dangereuses ? Avant tout, elles sont saisonnières ; elles ne se produisent qu'à partir du mois d'avril ou mai, quand l'état de la mer permet la navigation des petites embarcations se livrant, sous pavillon britannique, à la délinquance maritime et surtout à la contrebande de tabac de Virginie acheté à Gibraltar. L'automne venu, le mauvais temps entrave beaucoup les déplacements et les attaques cessent presque complètement. Rodriguez s'étonnera tout d'abord du peu de crainte réelle que semble manifester la population à leur égard. Bien pires paraissent aux yeux des habitants les menaces quotidiennes vécues en 1806 à l'intérieur même de l'île en ces temps de crise politique et de pénurie. C'est aussi que si on les compare avec les récits des plus âgés concernant les années 60 ou 70 du siècle précédent, l'ennemi apparaît comme bien moins redoutable. Trente ou quarante ans auparavant et depuis bien longtemps, la population de l'île, moins nombreuse et organisée qu'aujourd'hui, était soumise aux attaques incessantes des « maures » en provenance d'Alger, repaire de tous les pirates de la Méditerranée. Un débarquement, effectué dans un port même ou sur une plage, se soldait par des pillages, des vols, incendies, enlèvements de femmes ou d'enfants, et presque toujours par des morts et des blessés. Des tours construites sur la côte, mais aussi à l'intérieur des terres ont servi de tout temps de refuge aux habitants pour y protéger leur famille, leurs troupeaux et bien souvent leur propre vie.

Deux générations d'Ibizains encore vivants se souviennent de cette époque noire où aucune autorité, ni force armée organisée ne s'exerçait pour la défense des populations rurales. Mais deux faits sont intervenus, pratiquement concomitants, dans les années 80 du siècle précédent pour venir mettre un terme au régime de la terreur algérienne qui pesait sur Ibiza et Formentera [31]. Le comte de Floridablanca, promoteur de la paix signée en septembre 1782 avec la Turquie, protectrice des régences d'Afrique du nord, constatant que la force brutale, mais relative, des bombardements d'Alger effectués en 83 et 84 par le capitaine Antoni Barcelo ne produisait pas les effets escomptés, choisit d'accepter les conditions de dey d'Alger et souscrit à l'accord proposé. L'Espagne, préférant voir la mer en paix et pouvoir assurer l'intégrité de son territoire et ses déplacements maritimes, accepte en 1786 de verser les cinquante millions de pesettes exigés en échange de l'ordre donné aux *raïs* (capitaines de navire corsaire) de cesser d'attaquer les bâtiments espagnols.

L'autre date importante de la fin du dix-huitième siècle à Ibiza est bien sûr la création de l'évêché en 1783, accompagnée de l'accession officielle, et par décret royal, au rang de Ville de ce qui n'était auparavant qu'un bourg fortifié éloigné des routes maritimes commerciales et abandonné de tous. Si l'on peut lire cet événement comme la conclusion ou le couronnement de la reconquête des Pithyuses par l'absolutisme bourbonien, il n'en reste pas moins qu'il marque l'accession de l'archipel à une modernisation de presque tous les aspects de son fonctionnement social.[32]

---

[31] Rappelons que les deux îles ne sont distantes d'Alger que de 250 km, autant que de Ciudadella (Minorque), et constituent la côte espagnole la plus proche du "nid de pirates".

[32] On note d'une manière générale, à partir des années 1785, un repeuplement des côtes du Levant espagnol et de l'Andalousie orientale.

En 1806, cette nouvelle conjoncture est relativement récente. Vingt ans à peine que les attaques barbares ont cessé sur les côtes. Vingt ans à peine que le premier évêque Mgr Manuel Abad y Lasierra a commencé de promouvoir la création des nouvelles paroisses rurales, dont plusieurs des églises ne sont encore qu'en construction. De plus, l'édification de ce qui ressemble plutôt d'abord à de rustiques chapelles est accompagnée du souhait des autorités de voir la population se regrouper autour d'elles afin de former des villages. Des subventions prévues par le *Plan Político y Económico de Rehabilitación y Progreso* en 1795 sont accordées à ceux qui désireraient venir s'installer et demeurer dans ce qui n'est encore que virtuellement un village. Mais ces agglomérations, obsession des pouvoirs tant laïcs qu'ecclésiastiques, ne verront quasiment pas le jour avant le vingtième siècle. Quelle n'est pas la surprise de Pierre Méchain en 1804 quand, s'étant rendu, pour y évaluer les possibilités offertes par le Puig des Maçons, à Sant Joan, paroisse pourtant créée depuis 1765, et s'attendant à trouver un village, il ne voit « au fond d'un vallon, qu'une église, mais, dit-il, pas de village. Seules quelques cases (sic) réparties dans la campagne, dont la maison du curé ». A Sant Mateu même, on ne dit la messe que depuis une dizaine d'années dans l'église qui est en cours d'achèvement et ne doit regrouper en 1806 que les trois ou quatre habitations anciennes qu'on voit aujourd'hui dans ses environs. Les quelques centaines d'âmes de la paroisse vivent sur leurs terres, dans des demeures disséminées sur tout son territoire.

Il est certain qu'en milieu rural, la mise en place des paroisses et de l'ensemble de mesures nommé « Nouveau système » représente en ce début de dix-neuvième siècle une nette amélioration de la vie paysanne. On est heureux de pouvoir aller faire ses pâques ou porter un nouveau-né à baptiser à moins de deux heures de route de la maison. Le fait que les enfants puissent auprès du curé également apprendre à lire et à écrire est un progrès indéniable. On apprécie les distributions de boutures d'arbres fruitiers et de sarments de vigne de nouveaux cépages organisées par le *batlle*, ainsi que la présence moins lointaine d'un praticien capable d'administrer des premiers soins. Toutes ces améliorations sont venues très vite, tout d'un coup, mais n'ont pas semble-t-il soulevé l'enthousiasme de la majorité. Le mode de vie traditionnel n'a guère encore évolué, et même, des résistances se font jour.

En effet, tout ce qu'on a appelé le *Plan de mejoras* (plan d'améliorations), fomenté par les esprits les plus éclairés et dévoués du moment (les deux premiers évêques M. Abad y Lasierra et Eustaquio de Azara, en collaboration avec le commissaire royal, le Majorquin Miquel Gaietà Soler) a un point faible très évident et immédiat dans son application à la société post-féodale des Pithyuses, celui de son financement. Et quand on passe en revue la liste des réalisations projetées par les promoteurs de la modernisation des Lumières, on est frappé par l'ample éventail d'éléments salutaires et positifs, mais aussi par le peu de concrétisation obtenue. Le rapport rédigé quarante ans après sur la situation dans les îles par le chef politique de la province Joaquin Gibert suffit pour s'en convaincre. Il est vrai que l'Histoire suit son cours, l'Histoire de l'Espagne et celle du continent européen qui, si elle se déroule bien loin de là, n'en produit pas moins ses effets néfastes sur l'évolution et le progrès souhaités par ses populations.

Madrid a besoin d'argent. L'Espagne, profondément émue par la résolution radicale apportée par les révolutionnaires français à la « question du roi », guillotiné en janvier 1793, engage les armes dans le conflit « idéologique » qui oppose Charles IV à la Convention et fait franchir les Pyrénées aux troupes royales. Le gouvernement Godoy et l'opinion publique espagnole dans sa grande majorité vont dès lors adopter une attitude de grande méfiance vis à vis de la politique précédente inspirée des idées des Lumières, tenues pour responsables de tous les excès de la Révolution dans le pays voisin. Miquel Soler est déplacé à Madrid en 1798 pour y devenir secrétaire aux Finances et l'un des derniers soutiens décidé du *Plan de mejoras*, l'évêque Climent Llocer, achève son épiscopat en 1805. Toute une organisation soigneusement élaborée se voit abandonnée pour ne laisser place qu'à ses séquelles les plus désagréables: un système fiscal aggravé. Une fois payée la dîme, et ce qu'il doit verser au roi et à l'Eglise, le paysan pithyuse ne dispose pratiquement d'aucunes liquidités. Hormis les productions d'amandes et de charbon de bois, aucune marchandise n'est autorisée à l'exportation par un particulier. En 1802, on avait promis des exemptions d'impôt sur vingt ans pour les vignes plantées dans les cinq ans, soit jusqu'en 1807. En 1805, cette exemption est annulée malencontreusement par un nouvel impôt décrété à Madrid. Pour la plupart des agriculteurs d'Ibiza et de Formentera, il s'agit là d'un coup très dur et pour beaucoup il est réellement impossible de se plier à ce nouvel effort exigé par les dépenses du pouvoir central.

Un front du refus s'organisera dans la partie nord et est de l'île au cours de l'hiver 1805-06, qui donnera lieu à des événements graves au mois de mars. Le mardi 25 mars, jour férié en raison de l'Annonciation, une centaine de paysans de l'intérieur prennent leur fusil et se regroupent à Santa Eularia dans l'intention de marcher sur la ville d'Ibiza le lendemain afin d'exiger la suspension de l'impôt en question. Les meneurs seront pris et condamnés à de très lourdes peines, trois d'entre eux à la déportation au bagne des Philippines d'où ils ne revinrent probablement pas.

Cela aussi, Rodriguez l'a entendu raconter. Sa fréquentation régulière du voisinage de Sant Mateu le mettra au courant du mécontentement des pères de famille d'avoir à donner de leur temps chaque semaine pour l'édification des nouvelles églises laissée entièrement à leur charge ou la reconstruction des diverses infrastructures, canaux et moulins, affectées par des pluies diluviennes à Sant Miquel et Santa Eularia. Quand il aura constaté les obligations de la population concernant la Milice et de tout ce que cela implique au détriment de la gestion et des efforts de l'agriculture, il aura une vision claire de la misère et du mécontentement dans lesquels se trouvent plongés les habitants des paroisses rurales de l'île.

Quant à la situation en mer, il sait à peu près à quoi s'en tenir. M. Morand, le commissaire des relations commerciales français à Denia, leur en a fait un tableau assez complet la veille de leur départ pour Ibiza concernant la zone du Cap de la Nao et de ses environs. Après leur victoire de Trafalgar douze mois auparavant où elle s'est défaite sans appel des escadres françaises et espagnoles alliées, la flotte anglaise a pénétré en Méditerranée, dont elle veut occuper le bassin occidental jusqu'à Malte qu'elle détient toujours, et soumet les côtes espagnoles à des attaques qui, bien que sporadiques, visent des objectifs de plus en plus ciblés. Mis à part les déplacements stratégiques de Toulon à Cadix, en passant par la Sicile ou devant Carthagène, places qu'elle tient en état de siège permanent, la force navale britannique en effet est là surtout pour protéger ses navires marchands et tout faire pour empêcher la moindre velléité des Français de reconstituer leur présence en mer. Mais pour ce qui concerne la zone du sud des Baléares, le plus grave est l'armement en guerre de course que l'Angleterre effectue depuis sa base de Gibraltar de quantité de navires auxquels elle accorde son pavillon.[33]

José Rodriguez dispose à ce sujet d'un informateur privilégié en la personne de Damian Garcia Tur, le pilote pratique que le colonel Llamas a fait mettre à la barre du *Terrible* pour seconder Manuel Vacaro et qu'il reverra à la faveur de ses déplacements au port d'Ibiza. Cet homme de trente-huit ans, né à la Marina d'Ibiza, que J.-B. Biot et plus tard François Arago qualifieront toujours de « brave timonier » ou de « brave homme », non tant pour sa bravoure, - il en fera preuve -, que probablement pour ses qualités humaines, fait partie du petit groupe des patrons ibizains se livrant à la guerre de course les plus actifs de ces années-là. Reprenant les chapitres consacrés au *corso* par Isidor Macabich, ou Joan Llabres dans ses *Noticias y relaciones*, on

33 Pour ce qui concerne l'Espagne et la seule année 1806, le gouverneur de Gibraltar a donné des licences séparées à 140 embarcations espagnoles pour les protéger dans leur commerce avec ce port.

constate de quelle virulence font preuve au cours des trois campagnes de 1805, 1806 et 1807 les corsaires d'Ibiza face aux attaques ennemies. C'est quasiment chaque mois, entre mars et novembre, que dans le triangle Tarragone-Mallorca-Almeria ces hommes s'affrontent aux corsaires gibraltariens avec des fortunes diverses certes, mais toujours semble-t-il avec un courage indéfectible.

Ce qui paraissait être jusque là une guérilla maritime, où l'attaquant devient le lendemain l'attaqué sur le chemin du retour où il ramène ses prises, avant de reprendre parfois le combat, deviendra une véritable guerre ouverte en raison de l'accroissement du nombre des vaisseaux naviguant sous pavillon britannique. Dès janvier 1805, le gouverneur Llamas, gouverneur d'Ibiza, a annoncé aux capitaines de chaque canton que le pays est en guerre contre l'Angleterre et demandé de redoubler de vigilance [34]. Certains d'entre eux, comme Carlos Tur à Formentera s'illustreront par des sorties fructueuses, sans avoir à s'éloigner beaucoup des côtes de l'île. Il est vrai que le flanc sud des Pithyuses se trouve toujours dans une situation particulière du fait de son exposition au large et de la difficulté des transmissions d'alerte vers Ibiza. Le gouverneur Llamas ordonnera en septembre 1806 la restauration des superstructures des quatre tours de défense de Formentera afin de les doter d'artillerie. De Palma, Juan Miguel de Vives, Capitaine Général des Baléares, organise pour sa part à partir du mois d'août une escadrille ibizaine d'une demi-douzaine de bâtiments, dont celui de Damian, *Virgen de los Dolores*, fera partie, sous les ordres du glorieux Antoni Riquer qui vient de se voir décerner le grade d'enseigne de vaisseau en raison de l'héroïsme démontré peu de temps avant, lors de la prise mémorable du *Felicity*.

Fait d'arme qui restera comme le plus fameux des corsaires ibizains, ce sera sans doute le premier des nombreux combats

[34] Quelques semaines plus tard, le curé de la Mola avise les autorités du passage d'une frégate et d'un brigantin croisant de Tagomago au cap de Berberia avec ce qu'il évalue à 450 hommes à bord, « anglais apparemment ».

navals de la région qu'entendra relater Rodriguez de la voix de Damian. L'affrontement a eu lieu en plein après-midi, le 1er juin 1806, dans la rade même d'Ibiza, sous les yeux de la foule ameutée par les canonnades sur les remparts de la ville. Battant pavillon britannique, un grand brigantin de deux-cents cinquante tonneaux commandé par un marin d'Ancône immatriculé à Gibraltar, ayant à bord une soixantaine d'hommes servant douze canons, est venu narguer, ce dimanche matin, nos fiers corsaires en passant juste devant le port. Piqué au vif dans son honneur et porté par l'élan populaire, Toni Riquer arme aussitôt son chébec d'une centaine d'hommes et malgré l'infériorité flagrante de son artillerie se lance à l'assaut et à l'abordage du navire trois fois plus gros que le sien. Armés de projectiles incendiaires et de leurs sommaires tromblons, les Ibizains maîtrisent le *Felicity* en quelques heures et le ramènent triomphalement à la Marina faisant plus de soixante prisonniers.[35]

[35] En juin 1906, le centième anniversaire de l'événement sera célébré par l'érection d'un monument à la gloire des corsaires, toujours visible sur l'ancien quai du port d'Ibiza. Une cérémonie y a été organisée en juin 2006 par le Conseil Insulaire d'Ibiza et Formentera.

« **IBIZA À SES CORSAIRES** » Monument érigé sur le port d'Ibiza

Damian Garcia pour sa part a eu moins de chance cette année. Engagé avec le même Toni Riquer aux premiers jours de mai contre un corsaire auquel ils parviendront à reprendre un vaisseau majorquin qui faisait voile vers Marseille, chargé d'oranges, son navire affronte une felouque dans un combat acharné. D'après diverses informations dispersées d'I. Macabich, il semble qu'il en sortira blessé, ce qui l'empêchera d'ailleurs d'être présent le 1er juin à l'assaut contre le *Felicity*. Mais dès le mois d'août, son chébec *Virgen de los Dolores* reprend la mer pour intégrer l'escadrille que le capitaine Vives, avisé des succès remportés par les Ibizains, réclame à Majorque « pour voir », comme il le dit, « si nous parvenons à nous défaire de la quantité de navires ennemis qui croisent au large des côtes de cette île ». A la fin de novembre, après son service de deux semaines sur le *Terrible*, lors de la première venue du mistic des astronomes, il repart en course en compagnie comme à l'accoutumée de son père qui commande la *Virgen de la Soledad*, et de nouveau en formation conjointe avec Riquer dans les eaux majorquines. Mais là, son navire sera pris. Il sera sans doute emmené à Gibraltar et semble y demeurer plusieurs mois. On ne voit d'ailleurs plus apparaître son nom dans les combats qui ont lieu durant l'année 1807, ni dans les rapports et la correspondance des astronomes lors de leur deuxième venue aux Pithyuses en avril-mai, et il est probable qu'il fut emprisonné durant cette période.[36]

[36] Damian Garcia reprendra cependant la barre du *Terrible* pour la troisième campagne de la Commission aux Pithyuses en novembre 1807 et l'on sait que peu avant il effectua pour le compte de l'Armée Royale un transport de bois destiné à l'arsenal de Carthagène.

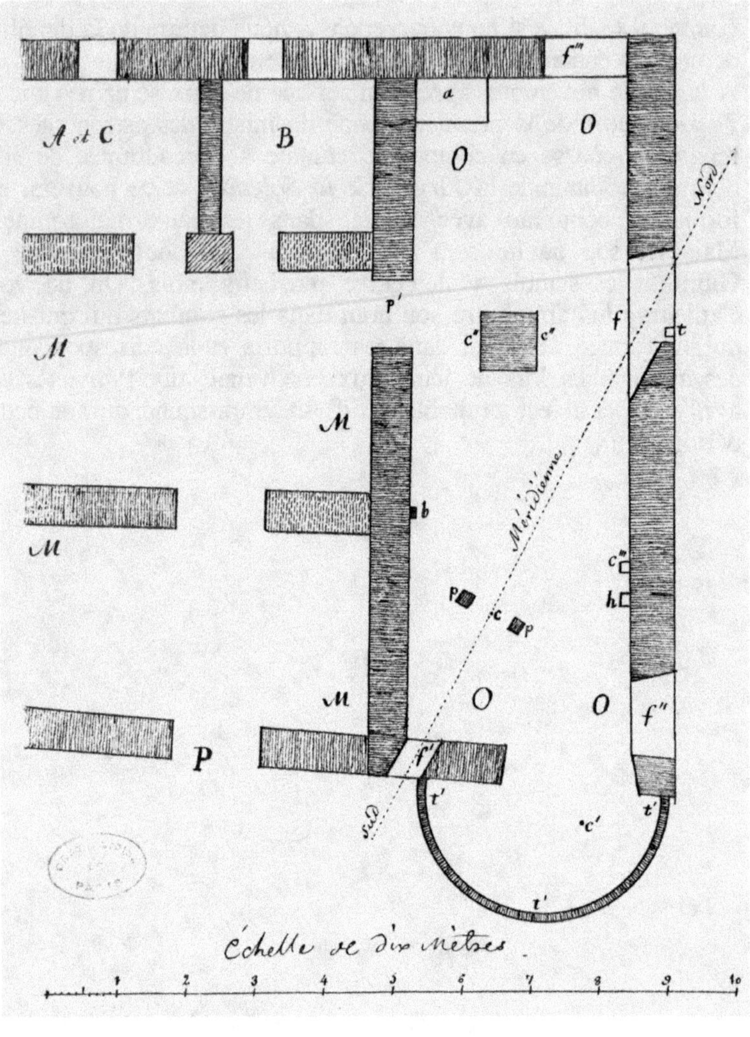

L'OBSERVATOIRE DE LA TALAIASSA dessiné par José Chaix

Ci-joint un petit plan de notre observatoire : O, observatoire ; a, appareil pour déterminer la longueur du pendule ; b, baromètre ; c, centre de la station ; c', cercle de Fortin pour observer la latitude ; c", pilier carré en pierres de taille sur lequel était placé le grand cercle de Lenoir ; c'", compteur ; f, fenêtre à l'extrémité nord de la trappe pour observer Mallorca avec le cercle de Lenoir ; f', fenêtre à l'extrémité sud de la trappe ; f", fenêtre pour observer la latitude avec le cercle de Fortin ; f'", fenêtre pour observer Camvey avec le cercle de Lenoir ; p, piliers en pierre de taille d'une seule pièce pour la lunette méridienne ; p', porte d'entrée de l'observatoire ; h, horloge à pendule de L. Berthoud ; t, thermomètre de dehors ; t', tourette ajoutée à l'observatoire pour placer le cercle de Fortin ; M, maison dite "la Atalayasa" dont l'observatoire fait partie ; P, porte d'entrée de la maison ; A et C, chambre à coucher de MM. Arago et Chaix ; B, chambre à coucher de M. Biot.

(Extrait d'une lettre de Chaix adressée de Formentera au Bureau des longitudes au printemps 1808)

L'ÎLOT DE LA DRAGONERA. À l'extrême ouest de Majorque, il est situé sous le méridien de Paris.

Le grand triangle

Une fois mesurés les deux angles continentaux du grand triangle maritime qui allait joindre Ibiza aux stations du Desierto et de Montgo, il restait à connaître la valeur de son troisième sommet et pour cela déplacer les instruments au Campvell. Puis on les déplacerait à la Mola de Formentera pour y observer le dernier triangle, le seizième depuis le Montjuich, formé par les stations de Montgo, Campvell et la Talaiassa. Ce troisième départ du *Terrible* aux Pithyuses eut lieu le 12 mars 1807 au matin, vent en poupe, nous dit Biot, après deux semaines d'attente d'un vent favorable. François Arago est à bord et secondera Biot au Campvell pour les mesures de l'angle Desierto - Montgo puis Montgo - Mola. Tout semble parfaitement coordonné: José Chaix dirige les réverbères du Desierto, Juan Cini ceux de Montgo et José Rodriguez s'est déplacé à la Talaiassa de Formentera afin de superviser aussi l'achèvement des supports destinés aux instruments. Dès la première venue de Biot à la Mola, ces sortes de colonnes faites de pierres et de mortier seront cependant jugées trop légères par l'astronome qui ordonnera de les faire refaire en pierre qu'on ira tailler dans la roche vive au pied de la falaise.

Ces éléments, qui sont en fait des colonnes, seront, on le voit en *c'''*, *p* et *h* sur le plan de Chaix, encastrés dans le sol également rocheux de la partie de la maison de Bartomeu Mayans qui va se convertir en observatoire. Occupant toute la largeur de la maison du côté nord-est, il s'agit d'une sorte de grand cellier communiquant avec la salle principale qui forme l'entrée du bâtiment. Deux chambres voisines font partie des locaux loués à la famille Mayans, dans lesquelles dormiront successivement tous les protagonistes participant sur place aux opérations.

Si l'on voit dans la correspondance se référant à son voyage que Méchain conçut en 1804 l'avantage d'utiliser la Mola de Formentera pour prolonger d'un demi degré vers le sud l'arc de méridien, on sait avec certitude qu'il ne s'y rendit pas en raison de la hâte avec laquelle il fut contraint de mener ses opérations. L'épidémie de paludisme qui dévastait tout le midi de l'Espagne et le Pays Valencien était alors une véritable hantise pour les populations et les autorités maritimes. Les habitants eux-mêmes, nous l'avons vu, sous le contrôle des capitaines et sergents de la milice, avaient ordre de repousser, y compris par la force, toute tentative de débarquement qui n'aurait pas été visée préalablement par les services portuaires et sanitaires d'Ibiza.

Ce genre de situation ne devait pas être rare et même apparaître assez familier, on s'en doute, aux habitants de Can Joan Mayans de la Mola de Formentera, installés sur ses hauteurs depuis le début du siècle précédent. Leur maison est en effet responsable de la défense de ce secteur de l'île ainsi que de la transmission des alertes au capitaine de la milice posté à San Francisco, centre opérationnel de la sécurité des promontoires, qui constituent eux-mêmes le flanc sud de la défense d'Ibiza[37]. Lorsque l'on sait que ce chef de la milice formentérienne, Carlos Tur Damia, appartient au même clan familial que Mariano Tur, son cousin-germain, qui accorda l'*establiment* [38] à Joan Mayans, l'ancêtre de la Talaiassa décédé en 1800, et que nombre de documents permettent de supposer que celui-ci eut dès le début du dix-huitième siècle des responsabilités au sein de la milice, on ne peut que constater l'importance à la fois du site et de la

---

[37] L'une des étymologies souvent avancée du nom de Formentera est dite provenir du latin *promontoria*, les promontoires, à savoir le paysage qu'elle offre depuis Ibiza.

[38] Bail emphytéotique qui, lors de la *capbrevació* (enregistrement cadastral) de Miquel Soler en 1797, donna à leurs titulaires accès définitif à la propriété.

famille qui l'habite. Le statut de la Talaiassa en tant que point culminant de la Mola et du même coup de l'île de Formentera, comporte un élément particulier directement lié à sa position géographique et à la fonction de vigie qui y reste attachée.

Si l'existence d'un point de surveillance en ce lieu est citée dans divers témoignages remontant au seizième et au dix-septième siècle[39], on ne sait si Joan Mayans fut effectivement ou officiellement destiné aux tâches de surveillance de la mer [40]. Son acte d' *establiment* date, selon l'historien J. Mari Cardona, de 1765 mais sans que l'on sache exactement depuis combien de temps il réside sur place [41]. La présence de son frère cadet Antoni sur les terres contiguës à celles de la Talaiassa, remontant selon l'acte notarial à 1748, fait état, de par la fonction de *batlle* (maire) de son fils Bartomeu Mayans de Toni entre 1784 et 1789 au moment de la création de la paroisse de la Mola, la possession de l'unique moulin à vent du plateau et la fréquence de leur nom dans les documents anciens de le paroisse de Nuestra Señora del Pilar, de l'importance et sans doute de l'autorité de la famille. L'Archiduc Louis Salvador, évoquant sa visite à la Mola quelque cent ans plus tard, dira:

> *Can Talayasa est la propriété et la maison de plus grande taille et importance de la Mola. Elle appartient à la famille Mayans qui passe pour être aussi la plus aisée et l'une des plus respectables de la contrée, famille qui se trouve constituée, pour ainsi dire, sur un mode patriarcal ; elle offre en effet la particularité de ce que les enfants de la maison ne*

---

[39] La présence d'une tour est signalée déjà en 1493 dans les *Llibres d'entreveniments* de la paroisse d'Ibiza.

[40] La vigilance plus ou moins permanente à l'égard de tous les périls en provenance du lointain de la mer faisaient intégralement partie des devoirs des miliciens.

[41] On sait cependant par le registre de décès de la paroisse de Formentera qu'un Joan Mayans de Bartomeu mourut à la Talaiassa en 1746. Ce probable grand-père de notre fondateur était-il le descendant d'autres Bartomeu et d'autres Joan Mayans qui, en ce lieu, montaient déjà la garde des mers du sud de Formentera avant le repeuplement définitif de l'île au début du dix-huitième siècle ?

s'émancipent d'une certaine manière jamais de l'autorité paternelle. Ils se marient et continuent de vivre à la maison avec leur femme et leurs enfants. Les petits-enfants se marient et ils y restent à leur tour avec leurs parents et ainsi de suite successivement. Actuellement et depuis déjà quelques années, la famille se compose de 22 individus, et son chef, fils aîné de Bartolomé Mayans Ferrer, qui l'était du temps de Biot (1807-1808), a atteint l'âge de 90 ans. [42]

Un autre fait éclairera le statut particulier du site de la Talaiassa de Formentera et de la famille qui l'occupe au dix-huitième siècle. Rapportée par le chroniqueur Eduardo Posadas, l'anecdote remonte au temps de la construction des quatre tours de défense (Gavina, Prima, Pi des Catala et Cap de Berberia) peu après 1760 et pour le projet de laquelle le Capitaine Général des Baléares se rendit à Formentera afin de déterminer en compagnie du capitaine des milices de l'île les emplacements les plus idoines à leur édification. Fournissant par courrier au gouverneur d'Ibiza un compte rendu de sa visite, écrit où il relate son investigation sur l'éventualité d'un site au sommet de la Mola, l'officier majorquin dit s'être vu assurer par le propre capitaine du canton que « cette montagne est suffisamment haute pour qu'à dix seulement, ces hommes puissent empêcher le débarquement et l'assaut de tous les Algériens ». Connaissant l'existence d'un point d'eau où les « maures » ont coutume de s'approvisionner, l'auteur du document ne cache pas sa surprise devant le fait que personne parmi les Formentériens n'y va faire allusion au cours de l'entretien.

---

42 Louis Salvador de Habsbourg-Lorraine (1847-1915) était de par sa mère arrière-petit fils du roi d'Espagne Charles IV. Jeune homme cultivé et talentueux, il passa sa vie à voyager, en Méditerranée et de par le monde. Son œuvre écrite concernant les Baléares et Pithyuses constitue l'une des plus précieuses sources d'information sur le dix-neuvième siècle.

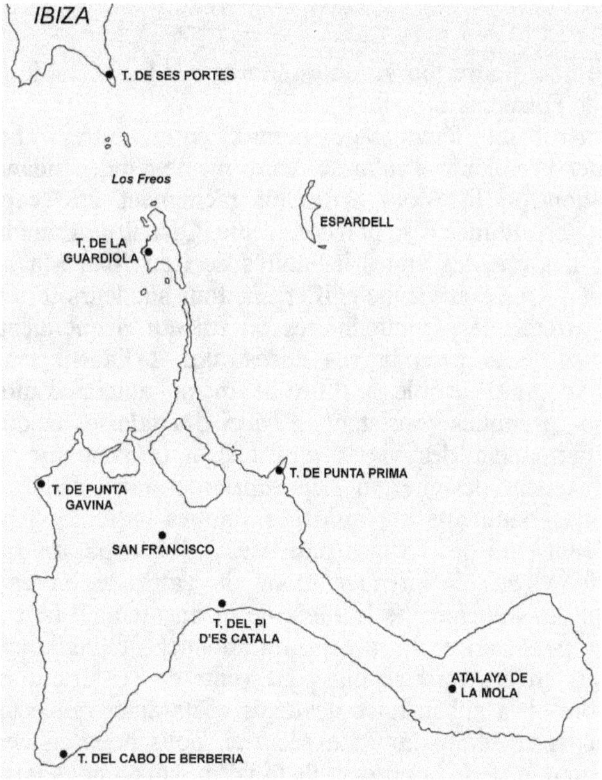

LES QUATRE TOURS CONSTRUITES SUR LA PARTIE BASSE DE FORMENTERA

Surprenante désinvolture de la part de l'autorité militaire de Formentera qui connaît fort bien le fonctionnement de la défense du plateau mais tente, semble-t-il, d'éviter une visite de terrain qu'il juge inutile. Le gouverneur d'Ibiza, dont la curiosité a été éveillée, ordonnera cependant l'envoi sur place de l'ingénieur et la levée d'un croquis de zone, qui apparemment ne produiront pas de résultat concret. Il ne sera finalement construit à cette époque que quatre tours, toutes situées sur les côtes de la partie basse de Formentera.

L'intéressant témoignage permet entre autres choses de discerner la volonté d'autarcie, voire même d'indépendance de la population de la Mola affirmant tacitement être capable et surtout accoutumée à se défendre seule. Qu'ont pu craindre, si de crainte il s'agit, les vigies insulaires de Can Joan Mayans à ce moment ? Que l'on vienne édifier une tour sur leurs terres et que l'on y affecte des fonctionnaires du roi qui risqueraient de les priver de leurs prérogatives ancestrales ? Faut-il tenir pour réelles, comme semble le faire le même auteur d'autre part, certaines pratiques consistant, à l'abri des falaises et du regard quasi permanent des vigies « officiels » opérant sur les sites habituellement désignés, à s'approprier et faire disparaître les restes des bâtiments et équipages tombés entre les mains des fiers défenseurs des rivages pithyuses ? [43] L'appât du gain n'est sans doute pas le premier motif de l'attitude en apparence défiante des miliciens de la Mola de Formentera. Il faut plutôt y voir la persistance du réseau traditionnel de vigilance et de méfiance envers tout ce qui peut venir de l'extérieur menacer l'équilibre et la subsistance des trois cents âmes qui peuplent le plateau en ce temps-là. « La sécurité, nous nous en chargeons depuis toujours, de la nôtre et de la vôtre. Qu'on nous laisse donc en paix ». Telle est probablement la pensée qui a cours sur les hauteurs de Formentera et cette impression de sécurité sera d'ailleurs ressentie par les astronomes quand ils viendront s'y installer en ce printemps 1807.

---

[43] « Ce n'est pas chaque fois que l'on apercevait des navires ennemis que l'on donnait le signal d'alarme. Si les attaquants étaient peu nombreux et que les conditions de l'endroit s'y prêtaient, on avisait discrètement les miliciens pour leur tendre une embuscade, les capturer, s'emparer de leurs embarcations ou les détruire.» Eduardo Posadas in *Torres y piratas en las islas Pitiusas*.

LA TALAIASSA. La borne blanche surmonte la tourelle édifiée en 1868 à l'intérieur de la pièce de droite. (Voir plan page 124)

Ce second séjour d'un peu plus de six semaines de J.-B. Biot aux Pithyuses en ce printemps 1807 va être certainement le plus heureux des trois qu'il y fera durant les dix-huit mois de travaux de la commission. Son programme est clair et il dispose sur place de la présence de deux des commissaires, José Rodriguez et François Arago, ainsi que de l'aide des matelots du mistic. Techniquement, les opérations sont simples et semblent très coordonnées. Chaix est au Desierto, à cent soixante kilomètres du Campvell avec ses réverbères allumés chaque nuit. Juan Cini dirige ceux de Montgo, d'où il dit pouvoir dans sa lunette « compter les arbres de la Mola l'après-midi ». Des ordres datés ont été donnés pour les orienter alternativement sur Ibiza puis sur Formentera. Le grand triangle Desierto – Montgo - Campvell, dont on a mesuré les deux sommets continentaux, est considéré comme mathématiquement achevé. La voix du jeune François Arago est malheureusement absente de cette seconde phase des observations. Nulle lettre à sa famille n'est disponible ni son journal qui, on le sait, a disparu dès le dix-neuvième siècle. Les notations contenues dans sa *Mesure de la méridienne de France* sont d'ordre essentiellement astronomique et ses Mémoires, cités précédemment, presque uniquement consacrés à ses aventures sur le continent et à Majorque en 1808, parlent peu d'Ibiza et de Formentera. C'est donc à nouveau la correspondance de Jean-Baptiste Biot qui nous permet de reconstituer ce second périple aux Pithyuses.

La grande nouvelle, et la grande joie, que Biot attendait vont survenir au Campvell, une semaine après son arrivée. On lui apporte la lettre du Bureau des longitudes l'autorisant enfin à revenir à Paris dès que le seizième triangle sera achevé. Des soucis d'ordre familial, un besoin de repos compréhensible après ces six mois d'intense labeur, de responsabilités et d'incidents de toute sorte se laissaient entendre dans ses lettres au BdL depuis déjà un certain temps. Il leur écrit depuis la *casa de la Comissió* le 21 mars, jour de la fin de l'hiver sidéral, afin de les remercier. Le temps, dont tout dépend alors, a été beau depuis leur arrivée, l'angle du Desierto est quasiment terminé, Rodriguez est à Formentera afin de « faire faire des massifs de pierre de taille pour attacher les horloges et le pendule qui seront adossés aux murs de l'observatoire ».

Et voici que surgit, au milieu de cette très enthousiaste missive à Delambre, une bien curieuse énigme. Faisant allusion probablement à une lettre reçue à Denia chez le consul Morand, Biot annonce :

> *Notre confrère Bosc m'a fait inviter par le ministre de l'Intérieur à rapporter plusieurs graines que l'on n'a pas à Paris et surtout à rapporter, s'il était possible, de la précieuse espèce d'abeilles qui composent le miel exquis des îles Baléares.*[44]

---

[44] P. Bosc est le Directeur des cultures au Jardin des Plantes de Paris.

Il existe à notre connaissance très peu d'informations patentes concernant l'apiculture aux Pithyuses à cette époque. Elle ne semble nulle part citée dans l'ensemble des mesures de développement fomentées par Miquel Gaietà Soler à partir de 1789 (*Plan de mejoras*). Non plus dans la *Descripción* de Vargas Ponce (1783) qui accorde pourtant une large place à l'agriculture. Les écrits du consul français Grasset de Saint-Sauveur, qui vécut à Palma durant cinq ans, ne font la moindre mention d'une quelconque production de miel à Ibiza[45]. Seule la "relation de visite" du chef de région Gibert en 1845, transcrite par I. Macabich, fait état de la bonne qualité du miel de Sta Eularia mais de production réduite. Celui de Sant Joan y est qualifié de bon, et de "moyen" celui de Sant Antoni, tous deux produits en petite quantité. On se demande donc d'où peut venir, à Paris, une telle réputation de l'industrie apicole locale. Est-elle si grande en France, qui possède une solide tradition en ce domaine, pour qu'un organisme officiel, certes par le biais d'une intention scientifique, veuille, en des temps si agités, introduire sur le marché une nouvelle variété exotique de miel ?

Diverses suppositions peuvent être formulées à ce sujet. Il peut tout d'abord s'agir d'un projet relevant purement de l'investigation scientifique. Génial touche-à-tout comme beaucoup de savants de son époque, P. Bosc est une sommité du Muséum parisien qui déploie ses activités dans quasiment tous les domaines des sciences du vivant, de l'arboriculture et la viticulture à l'étude des crustacés en passant par les vers de terre et les insectes. Mais l'intérêt d'obtenir une nouvelle espèce d'abeilles serait peut-être dû, par l'entremise du ministre de l'intérieur, à la volonté gouvernementale d'augmenter la production de miel en prévision des néfastes effets du blocus continental sur l'approvisionnement de l'Europe napoléonienne en sucre, qui dépend en grande partie des colonies anglaises.

---

45 L'auteur y cite en termes élogieux l'île de Minorque où il semble avoir entendu dire que "les abeilles réussissent à merveille et donnent une cire excellente ainsi qu'un miel de grande réputation". De là peut-être l'information retenue par J.-B. Biot.

Biot se montre d'ailleurs, dans la suite de sa lettre, étrangement volubile sur la question:

Je me suis arrangé pour avoir deux essaims des plus beaux qu'il y ait dans l'île. Je les obtiens des paysans par une véritable faveur car ils n'en vendent point. Je les emporterai avec moi sur le mystic bien fermées et seulement avec quelques ouvertures pour l'air. Je les enverrai tout de suite à Barcelone, à un ami qui a déjà beaucoup d'abeilles[46]. *Il ouvrira les ruches et les laissera sortir. Quand je passerai à Barcelone pour revenir en France, je les fermerai de nouveau et les emporterai avec moi. Ayant à manger, elles peuvent vivre enfermées pendant un mois.*

Quant à la nature exacte des graines mentionnées dans la même lettre, il nous faudra attendre plusieurs mois dans la correspondance de Biot avant d'avoir quelque éclaircissement, et du même coup la nouvelle de l'échec de la première tentative du mois de mars. Se trouvant à Paris au cours de l'été, Biot a, semble-t-il, eu des entretiens à ce sujet avec le ministère et il nous fera part à son retour aux Pithyuses en novembre des résultats positifs des tractations entre Paris et Madrid en la matière, apparemment hautement stratégique. Il nous confirme en effet que conformément à un courrier du 17 juillet adressé par l'ambassadeur français à Madrid, M. de Beauharnais, à son ministre M. Champagny, « le gouvernement [espagnol] a donné des ordres à Ibiza pour qu'il soit mis le plus promptement possible à ma disposition des graines de coton herbacé ».

On ne sait pas exactement par quel moyen la Commission va obtenir ces semences, ni s'il s'agit d'un échantillon destiné à en expérimenter la culture dans le sud de la France ou si l'ampleur de la prise fut plus importante. Lors de son retour accidenté de

---

[46] Il peut s'agir du savant Salvà i Campillo avec qui Méchain avait établi des liens lors de son premier voyage, ou alors du docteur Marti à Tarragone dont J.-B. Biot ne voudrait pas citer le nom.

février 1808, soumis à un inventaire détaillé de ses possessions par les pirates ragusains, Biot n'y fera pas allusion. (Mais peut-être les graines voyagèrent-elles parmi les fragiles bocaux du docteur Delaroche.) Aucun commentaire postérieur ne semble s'y référer dans les Annales du Muséum d'Histoire Naturelle susceptible de nous renseigner sur la qualité du coton ibizain. On sait pourtant qu'elle est loin d'être négligeable dès le dix-huitième siècle où plusieurs documents attestent en Espagne une préférence pour le coton d'Ibiza face à celui du Moyen-Orient ou d'Amérique. La région de Motril, près de Grenade et l'île d'Ibiza sont en effet les deux seules productrices de la précieuse fibre et sa culture aux Pithyuses pourrait remonter à plusieurs siècles déjà. On se rappelle qu'elle est soulignée et fut réactivée par le *Plan de mejoras* : Miquel Soler estime envisageable la production d'une tonne de coton sur chaque exploitation de la campagne ibizaine ; il offre d'ailleurs une prime de 8 pesos à celui qui atteindrait cette quantité. José Vargas Ponce, exposant ses "réflexions sur l'état des productions textiles" à Ibiza, affirme que « le coton s'y cultive parfaitement ». Et bien qu'il s'agisse d'une plante ayant besoin d'être arrosée et plantée près d'un point d'eau, l'Archiduc en évaluera en 1867 la production à 150 tonnes.

L'intérêt que porte le gouvernement français au coton est certainement à rapprocher de ce que nous avons dit sur le miel et le sucre. Les importations en provenance de Pernambouc et d'Orient sont désormais soumises au blocus et les besoins de coton en pleine expansion tant pour l'armée française que pour l'industrie textile et vestimentaire européenne qui va se trouver privée en raison de la guerre des produits anglais habituels. L'intention de Napoléon est donc d'utiliser les ressources propres de ses alliés (et l'habileté de ses agents en mission sur place) pour tenter de les acclimater sur le territoire français. Il faut cependant supposer qu'en raison de la précipitation que vont prendre les événements entre l'Espagne et la France dès le début de 1808, cet autre aspect de la collaboration scientifique franco-espagnole va probablement en rester à une phase expérimentale sur les plates-bandes de M. Bosc, au Jardin des Plantes de Paris.

Le paragraphe de la lettre de J.-B. Biot consacré au miel et aux abeilles, que nous n'avons pas cité dans son intégralité, nous offre par ailleurs l'une des rares notations de l'astronome quant à ses rapports humains avec les habitants d'Ibiza. Après avoir dit qu'il obtient les essaims « par une véritable faveur car ils n'en vendent point, » il poursuit : « mais les paysans d'Yvice sont tous de nos amis les plus dévoués, parce que nous parlons leur jargon tant bien que mal, que nous les faisons chanter et danser comme des maures qu'ils sont et que nous tirons au blanc (sic) avec eux à coups de fusil ; grâce à cette bonne intelligence, j'aurai donc les deux essaims. »

Les mesures du seizième triangle, qui auraient dû selon les prévisions, durer tout au plus deux semaines du mois de mars, dureront presque cinquante jours. Se rappelant les courtes mais belles journées de décembre au Desierto, Biot parle d'un renversement des saisons. « Nous avons eu le printemps en hiver et l'hiver maintenant ». Une semaine après leur arrivée sur les hauteurs de Sant Mateu, François Arago et Jean-Baptiste Biot notent le temps calme du 19 mars, suivi de douze jours de mauvais temps « avec pluie, vent, neige, grêle et tonnerre » et des températures de 11,4° le soir dans leur observatoire. Les derniers jours de mars, semaine de Pâques, leur permettront d'achever le grand triangle, à savoir le dernier angle Montgo - Campvell - Desierto avant le retour des nuages que le *Recueil d'Observations* signale le 1er avril. C'est alors que Biot, laissant Arago à Ibiza pendant deux jours encore, se déplacera à la Mola en compagnie de Rodriguez pour y effectuer les premières mesures. Cette semaine d'avril 1807 est donc historiquement celle de la création de la station de Formentera, station qui marquera l'extrémité sud de l'arc de méridien mesuré par le Bureau des longitudes depuis Dunkerque. Sur le toit du cellier est placé le cercle répétiteur qui doit mesurer l'angle nécessaire à cette prolongation et d'où sera créé le dix-septième triangle qui atteindra Majorque l'année suivante.

Le centre de la station a été placé sur le toit horizontal de la cabane qui nous servait d'observatoire et on a placé le centre de la lunette méridienne précisément au dessous de ce point dans la même verticale. Une grosse pierre épaisse et plate, placée sur le toit, a successivement servi pour établir les réverbères et le cercle. La hauteur du centre au réverbère au-dessus de cette pierre a été constamment de 1 m, 14 – 0 m, 15 soit 0 m, 99. La première hauteur 1 m, 14 était celle du centre du réverbère au-dessus du toit de la cabane et la seconde était l'épaisseur de la pierre qui servait de support. La surface supérieure de la pierre est élevée au-dessus de l'observatoire de 3 m, 73.

En 1868, c'est à dire soixante ans plus tard, sur le même point dont l'emplacement fut protégé par une croix de fer, Carlos Ibañez de Ibero viendra opérer la jonction des Baléares au continent pour l'établissement de la première carte d'Espagne réalisée par des moyens scientifiques. Le grand géographe résume ainsi les travaux qu'il fit effectuer afin de protéger définitivement le point géodésique [47]:

[47] La borne marquant ce point est encore utilisée de nos jours pour les opérations régulières de vérification cartographique.

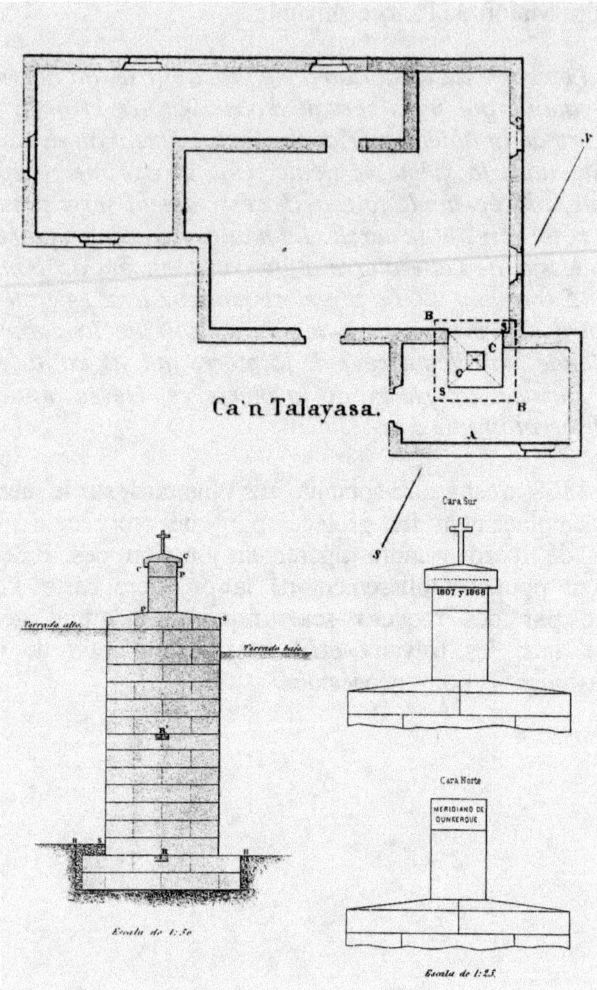

CONSOLIDATION DU POINT GEODESIQUE (1868)

Le repère ayant été trouvé en parfait état de conservation, situé à l'intérieur de la maison de Bartolomé Mayans Ferrer, faisant partie de sa propriété « Can Talayasa », il a été procédé à la construction d'un signal de 4,29 m de haut, muni d'un pilier en sa partie supérieure, laquelle dépasse le toit de la maison. La borne par laquelle se termine le pilier porte ces quatre inscriptions : Meridiano de Dunkerque ; 1807 y 1868 ; Mapa ; España. Sur cette borne a été fixé un embout de pierre dans lequel se trouve assujettie la croix de fer installée en 1808 et qui contient une inscription relative aux indulgences concédées par Mgr l'évêque du diocèse. Le terrain occupé par le signal, en plus d'une frange de 0,5 m sur son pourtour, est propriété de l'Etat. La référence inférieure, située au niveau du sol de la pièce la plus basse, est de 192,25 m.

La construction de ce pilier, d'où a cependant disparu la croix de fer scellée par les astronomes, obligea la famille Mayans à vendre neuf mètres carrés de terrain devant leur maison, à l'emplacement même de la tourelle où avaient eu lieu les mesures de latitude. L'inscription au domaine suivante en faveur de l'Etat espagnol en stipule les conditions :

Bartolomé Mayans Ferrer, marié, âgé de soixante quatre ans, agriculteur, habitant de la paroisse de N. S. del Pilar, ayant acquis cette propriété par héritage de son père, vend une superficie de la maison susdite de neuf mètres carrés, mitoyenne par tous ses côtés avec la maison elle-même, partie vendue au centre de laquelle se trouvera la croix fixée en mille huit cent sept par les délégués des gouvernements français et espagnol, MM Biot, Arago, Chaix et Rodriguez, lors de la mesure de l'arc de méridien de Dunkerque, en faveur de l'Etat et en sa représentation, Carlos Ibañez de Ibero, marié, âgé de quarante trois ans, colonel du génie, chef de la Commission Géodésique des Baléares, résident dans cette île, pour le prix de dix écus, et trois cent quatre vingt-dix à titre d'indemnisation, dont les montants ont été payés au comptant en monnaie d'or, devant notaire.

Dans l'intervalle de temps qui le sépare de la semaine qu'il passera en compagnie d'Arago à la Mola du 21 au 28 avril, Biot commencera ses premières observations sur les poissons. *Dans mon précédent voyage,* dira-t-il plus tard, *j'avais été à portée de faire quelques expériences curieuses sur les poissons qui vivent dans les eaux profondes.*

La découverte la plus récente en matière d'ichtyologie en ce début du dix-neuvième siècle a été que les poissons disposent pour monter et descendre dans l'eau d'une vessie natatoire remplie de gaz qu'ils dilatent ou compriment à volonté. J.-B. Biot constatera bientôt que ce gaz est de l'air et il se pose alors la question de la provenance de celui-ci. Il se rendra compte rapidement que cet air est "secrété" à l'intérieur de la vessie, donc à partir de l'eau de mer de laquelle il affirmera qu'il est extrait. Supposant qu'elle en contient en quantité différente suivant la profondeur, il fera fabriquer un appareil chez un ferblantier d'Ibiza, une sorte de vase conique muni d'un couvercle à ressort qu'il utilisera pour puiser de l'eau de mer à diverses profondeurs et en analyser la composition en provoquant une étincelle électrique [48]. Toutes ces expériences sont relatées, accompagnées d'une liste de poissons qu'il a observés, dans un mémoire intitulé « Sur la nature de l'air contenu dans la vessie natatoire des poissons » qu'il présentera au cours de l'été à Paris devant la société d'Arcueil [49]. Envisageant de poursuivre en novembre ces premiers travaux, Biot fera adjoindre à la Commission le jeune médecin François Delaroche qui passera l'hiver 1807-1808 entre les Pithyuses, Majorque et Barcelone et rédigera un passionnant rapport publié dans les Annales du Muséum d'Histoire Naturelle et dont nous parlerons plus loin.

---

[48] Biot disposait d'une pile de Volta apportée de Paris.

[49] in *Mémoires d'Arcueil,* 1807, I, pages 252-281, Bibliothèque Nationale de France, Paris.

Un été dans les champs de caroubiers

La dernière lettre de Jean-Baptiste Biot relative au second séjour de la Commission aux Pithyuses est datée du 3 mai 1807 au matin, à son arrivée à Denia où M. Vacaro a choisi cette fois encore de retourner de nuit « afin d'éviter les corsaires ». *El Terrible*, parti de Formentera la veille au soir par « ce vent d'est qui souffle sans interruption depuis trois mois », a traversé rapidement, puisque Biot ira se coucher dans sa cabine vers 11 heures, après avoir écrit son courrier et fait un bilan des dernières opérations. « Nous venons d'arriver, dit-il, en bonne santé et sans avoir été reconnus par aucun corsaire. Nous avons 82 fois l'angle entre Mongo et Campvey en 5 séries, 10 fois la distance de Mongo au zénith et 10 fois de Campvey. » Quarante observations du baromètre ont été opérées à la Mola « afin de déterminer avec exactitude la hauteur de la station. Rodriguez observait la hauteur du baromètre au bord de la mer de quart d'heure en quart d'heure et nous faisions de même à la station »...

Une lettre du Bureau des longitudes attend les astronomes chez M. Morand et François Arago en prendra connaissance le lendemain. Afin de remplacer Biot qui suspend ses activités pour six mois à la tête de la Commission, il est nommé adjoint au Bureau. Cette décision prise à la fin de mars par le comité des astronomes parisiens va constituer pour le jeune homme le début réel de sa carrière scientifique et probablement, à 21 ans et quelques jours, son entrée dans l'âge adulte. Biot, tâchant de communiquer à ses confrères de Paris et sans doute à mots couverts au ministère de l'Intérieur l'impatience dans laquelle il se trouve de rentrer en France, usera par deux fois de l'hypothèse, concernant Arago : « s'il n'est pas obligé de revenir à Paris pour ses examens ». Le jeune homme a en effet des examens à passer à Polytechnique, où il est toujours inscrit, même si, on le suppose, ce n'est plus réellement à l'école qu'il désire monter en grade ; examens qui vont donc se transformer, sur la proposition de Biot, en une séance de travaux pratiques de six mois : l'achèvement de la triangulation de la Méridienne sur la côte espagnole. Du moins est-ce ainsi que les choses semblent avoir été décidées. Le retard accumulé, tant à cause de la modification du programme initial que de la difficile construction du signal du Montgo et du mauvais temps aux Pithyuses ce printemps, oblige le Bureau à faire exécuter dès maintenant la jonction des triangles situés au sud du Desierto avec la chaîne de ceux du nord déjà établis par Méchain.

Si l'on se souvient du jugement que porta ce dernier sur les capacités du jeune Arago à se lancer dans la carrière scientifique, on ne peut être que surpris de retrouver trois ans plus tard l'étudiant perpignanais chargé lui-même d'achever l'œuvre du savant disparu et nommé adjoint de l'organisme dont il était président. Et si l'on considère le calendrier des opérations accomplies depuis l'arrivée des trois géodésiens à Denia le 3 mai 1807 jusqu'à la mi-septembre où Arago se rendra à Barcelone pour prendre un peu de repos, on découvre l'énormité du labeur accompli en compagnie de Chaix et de Rodriguez durant ces quatre mois. Il ne s'agissait de rien moins que de joindre géodésiquement le Desierto à la station du Montjuich dont la latitude est définitivement calculée ; passer de nouveau en revue toutes ces stations, en écarter certaines, en ajouter d'autres et opérer toute la triangulation qui permettra de mesurer l'arc de méridien allant désormais jusqu'à Formentera, et tout ceci sous la seule responsabilité du jeune astronome français.

En observant les procès-verbaux des assemblées hebdomadaires du BdL, on est pourtant surpris de ne voir apparaître que très peu souvent de nouvelles de ses travaux. Toute l'attention du Bureau semble centrée sur la présence de

Biot à Paris, qui assiste aux séances depuis le 27 mai, sur le retour de l'Empereur dans la capitale, le vote des nouveaux crédits et les tractations avec le gouvernement espagnol en vue d'obtenir un navire plus conséquent pour retourner aux Baléares. On parle d'argent donc, on s'entretient avec des ministres, on se réjouit sans doute de l'heureuse tournure qu'a prise la guerre en Allemagne et en Pologne ; et on procède à l'élection définitive de François Arago comme membre du Bureau [50], tandis que celui-ci parcourt les montagnes, à cheval par monts et par vaux avec ses muletiers, le fusil à l'épaule, pour aller dresser ses signaux, hisser ses instruments, noter sur le cahier les résultats d'observation, dormir à la belle étoile et vivre l'histoire de sa jeunesse qui commence pour de bon.

Imaginons ce jeune homme de 21 ans et demi, qui vit en Espagne depuis l'automne précèdent, a vu les îles, a dormi dans la cabane au sommet du Campvell, a subi la grêle et le vent d'hiver dans l'oratoire minuscule des moines du Desierto, sous les ordres d'un physicien parfois impatient et autoritaire, et qui voit venir un été tout entier où il lui faudra faire ses preuves et s'acquitter de la confiance que ses supérieurs sont en train si l'on peut dire de mettre en lui. Le plus frappant est sans doute l'enthousiasme inaltérable et la confiance en soi dont il fait preuve en toutes circonstances. Citons brièvement, d'après ses Mémoires, "une anecdote entre mille", comme il le dit, qui lui survint au mois de janvier, sur les montagnes de Favareta, au-dessus de Cullera, où il avait l'intention d'installer une station.

L'alcalde d'un des villages voisins m'avertit du danger auquel j'allais m'exposer. " Ces montagnes, me dit-il, servent de repaire à une foule de voleurs de grand chemin." Je requis la garde nationale, comme j'en avais le pouvoir. Mon escorte fut prise par les voleurs pour une expédition dirigée contre eux, et ils se répandirent aussitôt dans la riche plaine

[50] L'élection s'effectuera le mardi 8 juillet tandis que Napoléon s'entretient à Tilsit avec le tsar Alexandre et Frédéric-Guillaume, roi de Prusse.

que le Xucar arrose. A mon retour, je trouvai le combat engagé entre eux et les autorités de Cullera. Il y eut des blessés des deux parts, et si je me le rappelle bien, un alguazil resta même sur le carreau.

Le lendemain matin, je regagnai ma station. La nuit suivante fut horrible ; il tombait une pluie diluvienne. Vers minuit, on frappa à la porte de ma cabane. Sur la question : Qui va là ? on répondit: « Un garde de la douane, qui vous demande refuge pour quelques heures. » Mon domestique [51] *ayant ouvert, je vis entrer un homme magnifique, armé jusqu'aux dents. Il se coucha par terre et s'endormit. Le matin, pendant que je causais avec lui, à la porte de ma cabane, ses yeux s'animèrent en voyant sur le penchant de la montagne deux personnes, l'alcalde de Cullera et son principal alguazil, qui venaient me rendre visite. « Monsieur, s'écria-t-il, il ne faut rien moins que la reconnaissance que je vous dois, à raison du service que vous m'avez rendu cette nuit, pour que je ne saisisse pas cette occasion de me débarrasser, par un coup de carabine, de mon plus cruel ennemi. Adieu, monsieur ! » Et il partit, léger comme une gazelle, sautant de rocher en rocher.*

Arrivés à la cabane, l'alcalde et son alguazil reconnurent dans le fugitif le chef de tous les voleurs de grand chemin de la contrée. Quelques jours après, le temps étant redevenu très mauvais, je reçus une seconde visite du prétendu garde de la douane, qui s'endormit profondément dans ma cabane. Je vis que mon domestique, vieux militaire, qui avait entendu le récit des faits et gestes de cet homme, s'apprêtait à le tuer. Je sautai à bas de mon lit de camp, et prenant mon domestique à la gorge: « Êtes-vous fou ? lui dis-je ; est-ce que nous sommes chargés de faire la police dans le pays ? Ne voyez-vous pas d'ailleurs que ce serait nous exposer au ressentiment de tous ceux qui obéissent aux ordres de ce chef

[51] Il s'agit de Pierre Chauvet, natif de Perpignan, qui avait déjà participé à l'expédition de Méchain en 1803-1804.

redouté ? Et nous nous mettrions dans l'impossibilité de terminer nos opérations. » Le matin au lever du soleil, j'eus avec mon hôte une conversation que je vais essayer de reproduire fidèlement.

« Votre situation m'est parfaitement connue ; je sais que vous n'êtes pas un garde de la douane ; j'ai appris de science certaine que vous êtes le chef des voleurs de la contrée. Dites-moi si j'ai quelque chose à redouter de vos affidés.

- L'idée de vous voler nous est venue ; mais nous avons songé que tout votre argent était dans les villes voisines ; que vous ne portiez pas de fonds sur le sommet des montagnes, où vous ne sauriez qu'en faire, et que notre expédition contre vous n'aurait aucun résultat fructueux. Nous n'avons pas d'ailleurs la prétention d'être aussi forts que le roi d'Espagne. Les troupes du roi nous laissent assez tranquillement exercer notre industrie: mais le jour où nous aurions molesté un envoyé de l'empereur des Français, on dirigerait contre nous plusieurs régiments, et nous aurions bientôt succombé. Permettez-moi d'ajouter que la reconnaissance que je vous dois est votre plus sûre garantie.

- Eh bien, je veux avoir confiance dans vos paroles ; je réglerai ma conduite sur votre réponse. Dites-moi si je puis voyager la nuit. Il m'est pénible de me transporter, le jour, d'une station à l'autre, sous l'action brûlante du soleil !...

- Vous le pouvez, monsieur ; j'ai déjà donné des ordres en conséquence: ils ne seront pas enfreints. »

Quelques jours après, je partais pour Denia ; il était minuit, lorsque je vis accourir à moi des hommes à cheval qui m'adressèrent ce discours: « Halte-là ! señor ; les temps sont durs: il faut que ceux qui possèdent viennent au secours de ceux qui n'ont rien. Donnez-nous les clefs de vos malles ; nous ne prendrons que votre superflu. » J'avais déjà déféré à leurs ordres, lorsqu'il me vint à l'esprit de m'écrier :

" On m'avait dit cependant que je pourrais voyager sans risque!

- Comment vous appelez-vous, monsieur?

- Don Francisco Arago.

- Hombre! Vaya usted con Dios *(que Dieu vous accompagne)."*

Et nos cavaliers, piquant des deux, se perdirent rapidement dans un champ d'algarrobos [52]*.*

FRANÇOIS ARAGO JEUNE par David d'Angers (Musée Puig)

Ce grand jeune homme, qui mesure un mètre quatre-vingt-deux, beaucoup plus que la moyenne de l'époque, au physique avantageux selon les témoignages et les gravures le représentant, parlant français, espagnol et catalan, sa langue maternelle, n'hésite pas non plus à créer des relations sociales autour de la Commission. Une autre anecdote nous le montre à Murviedro, en compagnie de l'énigmatique « Mademoiselle B°°°, la fille

[52] Un champ de caroubiers.

d'un Français résidant à Valence », qui l'invite à venir prendre une collation chez sa grand-mère... Il fréquente les fêtes et les foires de villes et de villages, nombreuses en été en Pays Valencien et prend contact avec les Français installés à la capitale. Il se rend au bureau du consul Lanusse et se tient au courant, ainsi qu'il le faisait au mois d'octobre, des événements qui se déroulent en Europe.

Les premiers jours de juin, il apprendra en suivant les Bulletins de la Grande Armée publiés dans le *Moniteur* ou la *Gaceta* de Madrid, qui les reproduit régulièrement, la capitulation de Dantzig assiégée par les Français depuis des semaines et qui hâtera l'affrontement final avec les troupes russes à Friedland quinze jours plus tard. Ce sera la victoire à nouveau, mais à quel prix ! Que signifient ces batailles pour le jeune apprenti astronome et géodésien débutant, entré à l'École polytechnique avec les meilleures notes pour y devenir artilleur et que le destin a envoyé sur la côte espagnole pour mesurer le méridien de Paris ? Comment réagit-il à l'annonce des vingt-cinq mille soldats russes tombés à Eylau le 18 février et la vision d'horreur des dix-huit mille Français, gisant dans la neige le lendemain sur les collines du nord de la Pologne, que décrit gravement le journal qu'il lit à Valence ? Certes Arago connaît la politique de Napoléon. L'empereur fait la guerre pour obtenir la paix. Il fait la guerre à ceux qui ne veulent pas accepter la paix et s'allier à la France pour vaincre l'Angleterre. Et c'est ainsi qu'une fois prise Berlin en octobre et après avoir réorganisé l'ensemble des états du nord de l'Allemagne afin de les intégrer à la mouvance française, Napoléon s'est tourné vers les Russes auprès desquels s'est réfugié le roi prussien vaincu.

Après une pause de quelques semaines à la suite de la monstrueuse boucherie d'Eylau, les affrontements ont repris. Malgré les difficultés de ravitaillement et les obstacles de toute sorte, les Français tentent de s'ouvrir la route de Königsberg où se trouvent les principaux magasins de l'armée russe. En France, quatre-vingt mille conscrits viennent d'être levés, que le pays doit habiller, chausser et équiper. Jusqu'à quand les Français vont-ils apporter leur soutien à cette politique qui ressemble de plus en plus à une fuite en avant ? Le peuple se sent loin déjà, pourrait-on dire, et l'Espagne aussi, de l'aventure belliqueuse qui se joue dans le nord de l'Europe. François Arago également, bien qu'il la comprenne et commence même d'être tenu de s'y intéresser d'un peu plus près. En effet, de simple élève de deuxième année de l'Ecole polytechnique détaché au Bureau des longitudes, le voici devenu responsable d'une expédition à l'étranger commissionnée par le ministère de l'Intérieur de son pays. Le rebelle étudiant, fidèle aux idéaux de la République, révolté il y a peu devant les manifestations serviles que le nouveau pouvoir exigeait de lui et de ses camarades à l'école, va devoir accepter d'agir, certes indirectement, aux ordres de celui qu'ils appellent le "despote". Faut-il que la fougue et le désir de remplir sa mission soient forts pour laisser de côté l'aversion qu'il éprouve pour ce général corse qui, âgé de trente-cinq ans, s'est fait couronner empereur pour partir à la conquête de la France et de l'Europe !

En Espagne, la rumeur de la vraie fausse déclaration de guerre de Godoy s'est consumée rapidement et semble déjà loin. L'annonce des victoires de Napoléon durant l'hiver a été le meilleur calmant des brusques manifestations anti-françaises de l'opinion et le calme semble tout à fait revenu sur la péninsule. En l'absence des lettres habituelles adressées au BdL par Jean-Baptiste Biot qui se trouve alors à Paris et y restera jusqu'au mois d'octobre, c'est le Recueil d'observations et les notations contenues dans *Mesure de la Méridienne de France* de F. Arago qui nous permettent de suivre l'itinéraire des travaux des trois commissaires entre juin et octobre 1807.[53]

La distance entre les stations n'excédant pas une journée de marche à dos de mulet, l'équipe reste très unie au cours de ces quatre mois et les géodésiens opèrent leurs visées généralement de jour grâce au signal constitué par les cabanes qu'ils ont

53 Aucune correspondance d'Arago relative à cette période n'a été conservée.

peintes en blanc et sont ainsi aisément repérables. Mis à part les aventures relatées par François Arago dans ses Mémoires, dont bon nombre se situent à cette période, les incidents seront surtout d'ordre météorologique, foudre tombant sur la tente de Chaix à Montsia, pluies torrentielles en juillet à Lleberia, près d'Hospitalet ou les orages de chaleur habituels du mois d'août en Catalogne. En France aussi l'été est chaud en 1807. J.-B. Biot partage son temps entre Paris et Beauvais où sa femme et leurs deux enfants âgés de huit et quatre ans, Blanche et Édouard, sont installés auprès des parents de l'astronome. Celui-ci passe la semaine à Paris, assiste le lundi aux séances de la classe de physique de l'Institut, le mercredi à celles du Bureau des longitudes et se réunit aussi avec ses confrères et amis, Berthollet et Laplace entre autres, de la Société d'Arcueil. C'est là qu'un médecin genevois âgé de vingt-sept ans, François Delaroche, s'est approché de Biot après son exposé relatif à ses premières études sur les poissons observés ce printemps à Ibiza et Formentera. Le jeune ichtyologue suisse a écouté attentivement la lecture du mémoire et vient proposer à l'astronome de lui soumettre les travaux qu'il a réalisés sur les poissons du lac Léman. Il voudrait profiter du voyage en Méditerranée pour avancer dans la connaissance des espèces de haute mer dont très peu sont jusqu'alors inventoriées. Prévoyant de n'avoir probablement pas beaucoup de temps à consacrer à la poursuite de ses propres travaux ichtyologiques, Biot va favoriser l'adoption du projet de Delaroche auprès du Muséum et obtenir finalement qu'il accompagne la troisième expédition aux Pithyuses.

> *Les petites îles d'Yvice et de Formentera, n'étant, pour ainsi dire, que des rochers isolés au milieu de la mer, offraient une occasion singulièrement favorable pour observer et déterminer les espèces de ces animaux qui appartiennent particulièrement à la Méditerranée. Ces motifs engagèrent le ministre de l'Intérieur à joindre un naturaliste à l'expédition ; et, sur la demande des professeurs du*

muséum d'histoire naturelle, il désigna, en cette qualité, notre ami M. François de Laroche, jeune médecin très versé dans ce genre d'étude, et connu de l'Institut par plusieurs mémoires intéressants. [54]

[54] Nous reproduisons en annexe un extrait du mémoire de Delaroche dont ce texte est l'introduction, consacré à la pêche et aux poissons qu'il observa aux Pithyuses et à Majorque durant l'hiver suivant et qu'il publia au Museum d'Histoire Naturelle de Paris.

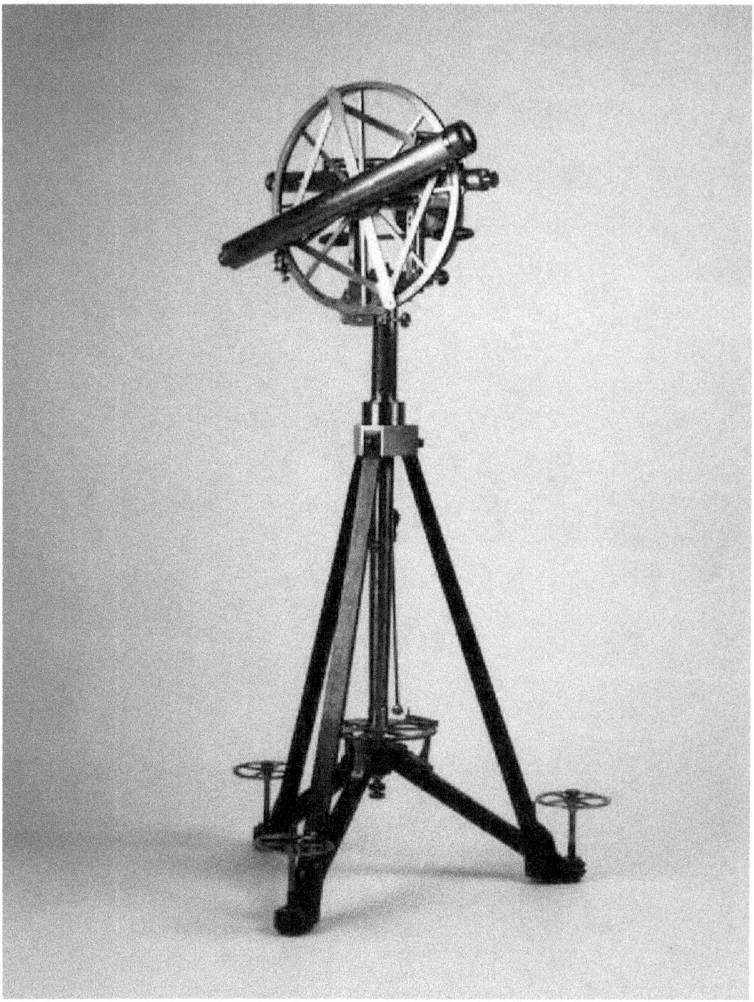

CERCLE DE BORDA semblable au modèle utilisé durant l'expédition aux Baléares. (Observatoire de Paris)

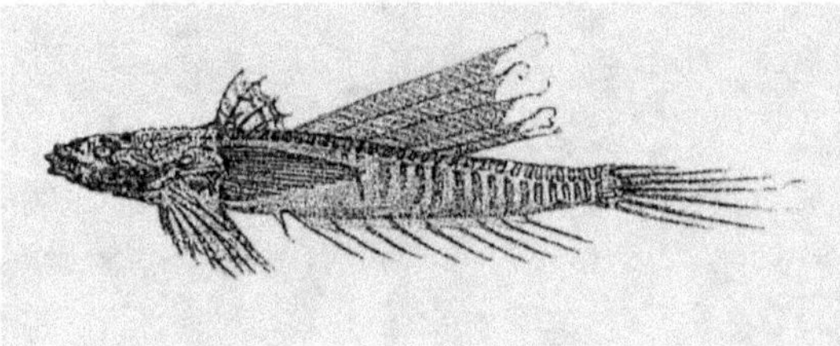

1807

Durant l'été 1807 et les préparatifs qu'il effectue en vue de la dernière phase des opérations, J.-B. Biot donne l'impression de vouloir mener celle-ci sous le signe de l'efficacité et de la rationalisation. L'achèvement de la mission pour laquelle il est mandaté par le BdL est proche. Une fois établie par les trois commissaires au cours de cet été la jonction, grâce au canevas des triangles continentaux entre Montjuich et le Desierto, il ne restera plus en effet qu'à calculer la latitude de la Mola de Formentera et y ajouter les expériences du pendule dont il se chargera lui-même à la Talaiassa. Il envisage donc un séjour court d'environ deux mois, où il se contentera de diriger les opérations, d'y participer certes, mais de rentrer à Paris dès que possible.

Si les travaux de la Commission vont se prolonger en fait jusqu'en mai 1808, c'est que François Arago a l'intention, tout en reprenant la direction de celle-ci, de réaliser son projet présenté au BdL en mars 1807 de mesurer trois degrés de longitude entre Cullera et Majorque. Il a observé en effet que leur ancienne station de Cullera abandonnée au profit de Montgo se trouve à la même latitude que l'île de Cabrera, latitude qui est également très proche de celle du Campvell à Ibiza, et qu'on pourrait, en poursuivant la triangulation sur Majorque, calculer la longueur des trois degrés qui les séparent. Cette opération, comme le dit Biot, « compléterait bien la méridienne » et éviterait ainsi l'épineux problème de la mesure d'une base qui nécessite un matériel et des conditions dont ils ne sont pas sûrs de disposer sur place.

Le 24 juin, le Bureau des longitudes reçut à Paris une lettre de Manuel Vacaro annonçant que le mistic allait être désarmé « jusqu'à ce que les commissaires aient de nouveau besoin du bâtiment ». Biot enregistre avec joie cette nouvelle et mène avec succès ses démarches auprès du ministre de l'Intérieur M. Champagny afin d'obtenir de Madrid le navire dont il a entendu parler à Denia et à Valence, *El Aguila*, qui lui paraît garantir la sécurité qu'il souhaite pour sa dernière traversée à Ibiza. Le 9 septembre, un courrier confirmera l'accord du roi d'Espagne pour transposer le nom du *Terrible* à « un bâtiment plus considérable » tout en maintenant le lieutenant Vacaro au commandement ainsi que son équipage déjà exercé aux manœuvres géodésiques. En effet, le sauf-conduit britannique étant établi au nom du *Terrible*, il n'est plus temps et la conjoncture politique ne le permet sans doute plus, d'en faire émettre un autre par l'Amirauté anglaise. *El Aguila* n'étant pas disponible, c'est sur la *lancha* n° 33 que se portera le choix des autorités de Carthagène et le subterfuge qui consista à transférer le nom du *Terrible* au garde-côtes passa, semble-t-il, inaperçu.

L'autre préoccupation de Jean-Baptiste Biot durant cet été est la construction du nouveau cercle répétiteur que le Bureau a commandé à l'atelier de M. Fortin afin de remplacer celui qui avait été détérioré en septembre 1806 lors du voyage entre Paris et le Desierto. L'appareil se trouve toujours au monastère et selon l'avis des astronomes totalement irréparable sur place. Son optique reste cependant utilisable et dans sa longue lettre du 7 décembre, Biot affirmait qu'il avait pu le transformer en longue-vue et s'en servir pour les mesures de hauteur d'étoiles.

Il m'a paru que notre pauvre cercle n'était pas tout à fait dans un état désespéré. Il a encore trois verniers en état de servir, et en faisant une observation de plus, on peut toujours éviter de tomber sur la partie usée des divisions. J'ai fait venir un ferblantier de Castellon, c'est tout ce qu'il y a de mieux près d'ici en fait d'ouvriers. Je lui ai fait construire une lunette en fer blanc ; nous avons remplacé les vis perdues, raccommodé les pièces brisées et enfin le cercle a été remis en état de servir à peu près aussi bien qu'auparavant, quoiqu'il n'ait pas une aussi belle apparence. Je me suis rappelé à cette occasion ce mot de Franklin, que celui qui ne sait pas scier avec une vrille et percer avec une scie ne doit pas se mêler de faire de la Physique. Je ne savais pas que cela fût aussi applicable à l'astronomie. Au reste notre petit cercle a seul éprouvé la rigueur du sort, le grand cercle, celui qui nous sert actuellement pour le grand triangle, n'est nullement endommagé

L'événement majeur de la vie parisienne en cet été 1807 sera le retour, après dix mois d'absence, de l'empereur Napoléon dans la capitale le 27 juillet. C'est un homme changé que tous les témoins de l'époque s'accordent à trouver à la fois épaissi physiquement, durci dans son comportement, plus intransigeant que jamais dans sa conduite des affaires. Cet homme est un vainqueur. Après avoir réduit à néant l'Autriche puis la Prusse, il vient de battre pour la deuxième fois cette année les troupes russes à Friedland le 16 juin et contraindre le tsar Alexandre 1er à demander un armistice. Le jeune descendant des Romanov, âgé de trente ans, entrevoit alors et désire la paix avec l'empereur français. Napoléon envisage de son côté la possibilité de gagner l'alliance d'Alexandre et d'imposer la paix à tous les belligérants engagés dans le conflit, y compris bien sûr l'Angleterre. De spectaculaires et pompeuses entrevues se sont succédées dès le 25 juin sur le fleuve Niémen en Prusse orientale, près de la ville de Tilsit, où des radeaux ont été arrimés, à bord desquels des tentes abritaient les tête-à-tête des deux empereurs. Le jeune tsar parle français et semble décidé lui aussi à saisir l'occasion de maintenir la puissance de son empire tout en reconnaissant celle de cet imparable perpétuateur de l'ébullition révolutionnaire française. L'empereur français, enthousiaste, imagine l'édification d'une Europe à deux faces, une vers l'ouest, où il est le vainqueur indiscutable, l'autre vers l'est où son allié pourrait contribuer, après le partage de la Turquie, à aller s'emparer en Orient des possessions de l'Angleterre contre laquelle, selon les clauses de l'accord, ils vont de concert s'affronter maintenant.

Après la signature des deux traités de Tilsit avec la Russie et la Prusse les 7 et 9 juillet 1807, Napoléon se met en route pour Paris qu'il n'a pas revue depuis le mois de septembre de l'année précédente. Son enthousiasme, sa volonté de puissance n'ont plus de borne, du moins l'empereur, vainqueur encore une fois, ne ressent-il plus de raison d'y mettre un frein. Retraçant mentalement les frontières de son empire, une seule portion lui apparaît résister encore à sa domination : le Portugal, qu'il associe aux facilités portuaires accordées au commerce anglais par les princes de Bragance. Sur la route de Dresde, il rédige un message et le fait porter à son ministre Talleyrand ordonnant que Lisbonne ferme ses ports aux Anglais avant le 1er septembre, faute de quoi la France lui déclarera la guerre. La Prusse, la Russie ont plié devant lui. Que sont le Portugal, l'Espagne ? Celle-ci, la politique trouble de Godoy, la déliquescence de la monarchie, vont revenir au premier plan de ses préoccupations dès l'arrivée de Napoléon à Paris le 27 octobre. Il va y apprendre que son ambassadeur à Madrid, Beauharnais, est entré en rapport avec l'entourage du prince d'Asturies Ferdinand et a suggéré que celui-ci, aspirant à se débarrasser de Godoy et afin de se procurer un appui auprès de l'empereur, lui demande la main d'une princesse de sa famille. À Madrid, où rien encore ne transpire de ces intrigues, l'ultimatum au Portugal sera connu les premiers jours d'août et Godoy annonce immédiatement à l'ambassade française qu'il concentre des corps d'armée de Galice et d'Andalousie le long de la frontière. La satisfaction officielle et le désir de collaboration avec la France sont à leur comble. À Paris, Napoléon déclare à l'ambassadeur portugais Lima : « Cela ne peut durer: il nous faut la paix ou la guerre ». L'empereur écrira d'autre part la même semaine : « Ne plus rien ménager avec l'Angleterre. Cette puissance étant la souveraine des mers, le moment est venu où je dois être le dominateur du continent. D'accord avec la Russie, je ne crains plus personne. Le sort en est enfin jeté. »

Le mercredi 29 juillet, de sa résidence de Saint-Cloud, il ordonne la constitution à Bordeaux d'un corps expéditionnaire de vingt mille hommes à la tête duquel il nomme Junot, le plus fidèle de ses généraux. Les réactions portugaises à la mise en demeure française seront lentes à se manifester. Le gouvernement lusitanien ne veut pas la guerre avec l'Angleterre, craignant une riposte de celle-ci contre le Brésil dont la richesse sert de socle à l'existence même du royaume portugais. Les troupes françaises tardent également en ce mois d'août brûlant à rejoindre Bordeaux. Une médiation russe, selon les termes du traité de Tilsit, semble pouvoir encore donner quelque espoir d'une acceptation anglaise en vue de la paix, et l'ultimatum se verra repoussé au 1er octobre.

Ce même 29 juillet, est ordonnée par Napoléon l'occupation de Livourne, port principal de la Toscane, où règne Marie-Louise de Bourbon, fille de Charles IV, et qui continue malgré le blocus à se livrer à une importante contrebande de produits anglais, objet des plaintes répétées de la France depuis des mois. Trente jours plus tard et très discrètement, sans soulever pourtant la moindre protestation, l'empereur fera occuper la ville et confisquer les marchandises dont regorgent ses magasins. Madrid décide de sacrifier l'Etrurie au grand projet portugais et cette appropriation ne refroidit en rien l'amitié franco-espagnole ni l'entente qui ne cesse durant le mois d'août de se resserrer en vue de l'action commune envisagée.

C'est la date du 29 juillet que porte le procès-verbal de la séance hebdomadaire du Bureau des longitudes au cours de laquelle est annoncé l'accord du ministère de l'Intérieur d'allouer les douze mille francs que réclame la Commission pour l'achèvement des travaux en Espagne. On commente au cours de cette même session la lettre de François Arago parvenue au Bureau du Desierto de las Palmas les jours précédents. Il y annonce son départ pour Arès, qu'il n'a plus d'argent et que c'est le consul Lanusse qui leur en prêtera avant que Biot ne vienne les rejoindre. Tout semble calme en Espagne. Les bruits qui commencent de courir à la mi-octobre concernant la demande du prince Ferdinand à Napoléon de le marier avec une princesse française sont accueillis avec ferveur et sympathie. Il est clair que ce projet est lié pour l'opinion publique à un renforcement du rôle appelé à jouer par le prince face aux machinations de Godoy pour se conforter à son poste et à terme l'éliminer de la succession au trône.

Arago aura le temps durant le mois d'octobre qu'il passe à Barcelone d'observer ces marques de sympathie du peuple envers le prince d'Asturies, de l'attachement que la majorité des Espagnols portent à leur monarchie et la haine grandissante contre Godoy. Mais l'opinion publique qui, dit-on, commença en Espagne d'exister et de compter en tant que telle au cours de cette année là, va commencer également de se diviser. À la nouvelle officialisée le 11 octobre que le prince demande à Napoléon de le marier avec une princesse de sa famille, beaucoup réagissent par des marques d'affection envers Ferdinand et pensent ainsi le voir bientôt régner et se débarrasser du détesté Manuel Godoy. D'autres y voient par contre et avant tout le résultat de manœuvres sournoises de l'empereur français pour gouverner en Espagne à travers ce jeune prince peu expérimenté. D'autant que l'ordre donné au général Junot de passer les Pyrénées et de marcher sur le Portugal va survenir dès la semaine suivante et les vingt mille hommes qui l'accompagnent commencer d'avancer sur les routes du Pays Basque et de Vieille Castille. Rien d'alarmant jusque là pourtant puisque tout se déroule suivant les accords établis par les deux gouvernements : exiger du Portugal qui se refuse à rompre avec l'Angleterre un blocus effectif de ses côtes et profiter des territoires conquis pour satisfaire les vues de Godoy, les légitimes désirs du roi de dédommager sa fille Marie-Louise dépossédée de son royaume de Toscane et de resserrer l'alliance franco-espagnole par des liens bien tangibles. Malheureusement, dans cette complexe opération, tous les protagonistes jouent un jeu différent et chacun va perdre peu à peu le contrôle des événements et du dangereux engrenage dans lequel il va se voir pris. Le roi d'Espagne tout d'abord, qui se dit enchanté des projets que lui soumet le favori de son épouse et qui envoie à Fontainebleau un ministre plénipotentiaire pour signer le traité arrêtant le démembrement du Portugal. Puis apprenant que son fils a écrit sa lettre de demande de mariage à l'empereur sur l'instigation de ses conseillers poussés par l'ambassadeur français Beauharnais, il n'hésitera pas à faire arrêter le prince Ferdinand et à l'accabler publiquement. Le 28 octobre, sur la menace d'un procès, celui-ci demandera grâce et dénoncera ses conseillers qui seront à leur tour interrogés et mis aux arrêts.

Ce n'est qu'alors qu'apparaîtra la machination ourdie par Eugène de Beauharnais, celle qui consistait de son propre chef à tenter de favoriser le prince d'Asturies au détriment de Godoy et à espérer jouer lui-même un rôle de premier plan dans la nouvelle conjoncture qui n'allait pas manquer de voir le jour sur la péninsule ibérique. Pour sa part, Napoléon, à l'automne de 1807, a l'esprit tout entier occupé par sa nouvelle alliance avec le tsar et leurs projets communs en Orient. L'Espagne lui importe en ce qu'elle gouverne une grande portion de la Méditerranée, dispose d'une marine et de ports qui le jour venu lui seront utiles pour aller vaincre les Anglais dans leurs colonies. Il se convainc tant bien que mal que l'alliance avec l'Espagne est solide, mais il ne veut pas y penser. Pourtant les opérations d'invasion du Portugal sont en marche, de nouveaux contingents pénètrent en Espagne au mois de novembre. Cinquante mille soldats sont déjà sur la péninsule.

Jean-Baptiste Biot est plus que certainement averti de la situation en train de se mettre en place en Espagne et n'ignore pas, de même que l'opinion française, la volonté de mainmise de l'empereur en fin de compte sur le gouvernement du pays.

Quand il arrivera, accompagné du naturaliste Delaroche, à Barcelone vers le 11 ou 12 novembre pour y retrouver Chaix, Rodriguez et Arago, le drame est si l'on peut dire en train de se nouer [55]. La première chose qu'il fera sera de consulter les registres rédigés par les commissaires durant l'été sur leurs observations et de les faire expédier rapidement à Paris par l'intermédiaire du préfet de Perpignan. Puis ils prennent directement la route de Denia où les attendent leur nouveau navire et le lieutenant Vacaro.

Le nouveau *Terrible* qu'appelait Biot de ses vœux afin d'éviter et de faire front aux mauvaises rencontres qui en dépit du sauf-conduit « ne pourraient manquer de les exposer à une fâcheuse quarantaine » et à un retard dans leurs opérations, n'est pourtant pas bien plus important que le précédent. Démuni de toute artillerie, mesurant vingt mètres de long par cinq mètres vingt de large, l'ex-garde-côte numéro 33 jauge quarante-cinq tonneaux et emporte un équipage de quarante hommes, plus les trois officiers placés sous les ordres de M. Vacaro. Selon le souhait de Biot, la plupart de ces marins sont les mêmes que ceux engagés au début des opérations, déjà aguerris au maniement des instruments et capables donc de seconder efficacement les astronomes pour cette dernière phase de la campagne. Le navire se révèle cependant trop exigu pour emporter l'important matériel que celle-ci exige. Il semble en effet que rien n'avait été laissé aux Pithyuses durant l'été. Les instruments d'optique et les batteries de réverbères ont été utilisés par Arago, Chaix et Rodriguez tout au long de la chaîne de triangulation sur le continent et s'y ajoutent maintenant en provenance de Paris le nouveau cercle de Fortin, la grosse lunette méridienne, les thermomètres, baromètres, pendules,

---

[55] Une lettre de Biot écrite à Perpignan, manquante dans le lot d'archives de l'Observatoire, est mentionnée dans les procès-verbaux du BdL. J-B. Biot y dit compter être à Denia vers le 18 novembre. Il vient d'apprendre que « les Algériens ont déclaré la guerre à la France » et affirme en attendre des « difficultés ». Ceci permet de situer son départ de Paris entre le 25 et le 27 octobre et son passage à Perpignan vers le 5-7 novembre.

horloges et compteurs destinés aux mesures de la latitude de Formentera, chacun dans son étui ou sa caisse, pour certains assez volumineuse. François Delaroche a besoin de place également avec ses ustensiles d'observation des poissons et les carafes d'alcool pour conserver ses spécimens. Et ce n'est pas sans un certain humour, rare à vrai dire dans sa correspondance, que J.-B. Biot fait part au Bureau du moyen choisi pour les faire parvenir à destination. « Nous sommes obligés de faire venir à Yvice les caisses des appareils par un bâtiment maure, ce qui est fort désagréable pour de bons chrétiens ».

La présence d'une flotte en provenance d'Afrique du Nord, si elle peut sans doute surprendre, n'est pas rare à Denia ou à Ibiza en 1807-1808. En train peut-être de reprendre les services de transport de marchandise précédemment effectués par la flotte de Raguse aujourd'hui désorganisée par l'occupation française de l'Illyrie, Alger est officiellement en paix avec l'Espagne ainsi qu'avec les Anglais qui leur accordent des licences de commerce leur permettant de se livrer à la fructueuse contrebande issue du blocus et qui vient remplacer les bénéfices de la guerre de course en plein déclin du fait du conflit franco-anglais. Mais ces « bâtiments maures »[56] de passage à Ibiza semblent très pacifiques et parfaitement administrés. Leurs entrées et sorties, huit pour l'année 1808, sont mentionnées comme toutes les autres sur le registre des « Droits de Saint Elme » de la confrérie maritime du port d'Ibiza à laquelle chaque raïs verse la cotisation habituelle. Nous verrons cependant dans le cas de l'*Ibrahim* sur lequel Biot effectuera son retour sur le continent au mois de février que l'opacité la plus complète pèse sur la nationalité et l'appartenance réelle de ces navires, pur reflet de la situation confuse et anarchique qui règne à Alger et d'une manière

[56] On appelle « maures » les citadins d'Alger, artisans, commerçants ou employés des chantiers navals, rejetant généralement tout lien avec les Arabes ou les Berbères de l'intérieur. Représentant près de la moitié de la population, ils sont souvent descendants d'Espagnols, Albanais, Grecs, Maltais, Catalans ou Napolitains et ne prenant la mer que pour des opérations « légales » de pêche ou de transport.

générale dans le bassin occidental de la Méditerranée durant ces années.

La traversée du *Terrible* aura lieu, de conserve avec le bateau chargé des appareils, dans la nuit du 24 au 25 novembre, sans histoire et par beau temps jusqu'à la calanque de Sant Agusti, au pied de la Mola de Formentera où seront débarqués les deux Français et les instruments destinés à la mesure de la latitude. Puis le mistic poursuivra sa route vers Majorque où José Rodriguez doit installer la station prévue à Cabrera afin de se livrer à l'observation du premier angle de la dernière figure Campvell - Mola -Majorque.

L'inconvénient majeur de l'île de Cabrera se révélera rapidement aux astronomes quand ils constateront à leur grande surprise que celle-ci n'est pas visible du Campvell et de plus, ironie de la géographie, masquée depuis le sommet d'Albarca par le mont d'Es Maçons qu'ils avaient dû un an auparavant abandonner du fait de son emplacement défectueux. Au bout de quelques semaines d'exploration des hauteurs occidentales de la *sierra* majorquine, le courageux Rodriguez, sans doute cette fois encore secondé par Damian Garcia, portera son choix sur la Mola de l'Esclop, voisine du pic de Galatzo, les deux montagnes les plus visibles depuis Ibiza et Formentera, distantes de 115 et 130 kilomètres respectivement.

De leur côté, François Arago et Jean-Baptiste Biot organiseront leur séjour à la Talaiassa, qui pour le premier durera quatre mois et que le second, inquiet de la tournure que prennent les événements se déroulant entre l'Espagne et Napoléon, écourtera à la fin de janvier 1808, dès que les mesures nécessaires à l'établissement du point final de l'arc de méridien seront enregistrée

Un hiver à Formentera

Où aller installer des instruments d'optique destinés à observer le lointain des côtes espagnoles et les étoiles, sinon au point culminant d'une île dressée là en pleine mer ? J.-B. Biot le dira textuellement dans une de ses lettres écrites au printemps de 1807 : « Je crois qu'il n'existe pas de meilleure situation que celle-ci pour l'emplacement d'un observatoire ». A ce sommet de l'île, le lieu que les astronomes ont choisi pour installer ce qui ressemble bien à un observatoire, avec ses ouvertures verticales dans les murs, ses instruments fixés sur des socles de pierre, la longue et lourde lunette soutenue par deux colonnes, se trouve une maison, où les savants sont logés, peuvent dormir, manger et se sentir en sécurité.

> *D'autres auraient pu se trouver malheureux dans notre situation : ils auraient pu regretter quelques agréments de la vie, que nous étions loin d'avoir dans cette île isolée et sauvage ; mais pour nous, qui n'avions pas encore oublié l'hiver de l'année précédente, nos sentiments étaient bien différents. Nous avions alors le vivre et le couvert ; nous avions surtout la certitude de réussir, et le plaisir de voir tous les jours notre travail s'avancer. Cette position, qui eût été ennuyeuse pour d'autres, n'était pas pour nous sans douceur.*

Cette maison, qu'en 1807 beaucoup appellent encore Can Joan Mayans, du nom du père de Bartomeu qui en est alors le doyen âgé de soixante-douze ans [57], n'a, si on l'observe aujourd'hui, guère changé au cours de ces deux cents ans écoulés. Mis à part la construction en 1868 du gros pilier destiné au support de la borne géodésique située au point même et à la hauteur où les commissaires de 1807-1808 avaient opéré leurs mesures, le bâtiment qui l'incorpore a conservé quasi intégralement sa structure et beaucoup de son apparence d'antan. Et ce qu'en disait l'Archiduc Louis Salvador à la fin du dix-neuvième siècle concernant l'organisation familiale de ses habitants s'est perpétué jusqu'au début du vingtième, puisque la maison est encore de nos jours habitée par les descendants directs de Bartomeu Mayans né en ces lieux en 1735.

Si l'on devait s'interroger plus avant sur ce qui constitue l'origine et la raison d'être même de ce que l'on continue d'appeler la Talaiassa, il faudrait sans doute poser deux questions essentielles: depuis quand et sous quelle forme existe-t-elle ? Et est-ce qu'une tour, ou quelque édifice destiné principalement à l'observation de la mer s'y trouvait associé ?

Les troupes favorables au soulèvement franquiste débarquées aux Pithyuses à l'automne de 1936 édifièrent l'année suivante, à une cinquantaine de mètres de Can Joan Mayans, une tourelle carrée qui s'y dresse encore aujourd'hui. Aucun document relatif à sa construction n'étant conservé, et difficilement observable l'état de ses fondations, il est malaisé de savoir si elle fut édifiée sur les ruines d'un bâtiment plus ancien.[58] Il semblerait plutôt que les militaires "nationaux" de la guerre civile, ne pouvant pas d'autorité réquisitionner la maison des Mayans, aient eu besoin sur une brève période d'un point d'observation de la zone maritime et aérienne comprise entre Majorque, Carthagène et

---

[57] Nous l'appelons Bartomeu 35 (né en 1735) et son fils Joan 62 (1762), père de Bartomeu 04 (1804).

[58] Si cet emplacement avait été celui du site originel de la Talaiassa de Formentera des siècles antérieurs, force est de supposer qu'elle aurait dû s'y trouver du temps de Biot et Arago. Or il est très clair qu'ils n'en font nulle mention. S'il y avait eu là une tour, ils auraient été les premiers intéressés, avant tout pour l'utiliser. Ils choisissent pour leurs observations le toit de la maison.

Valence. D'autres vestiges, situés vers l'ouest, à quelques trois cents mètres de distance pourraient indiquer la présence d'un éventuel donjon distinct de Can Joan Mayans et correspondre à ce que les *Llibres d'Entreveniments*[59] appellent en 1493 la "tour de Formentera". Mais les fondations qu'il en reste pourraient fort bien n'être celles que d'un ancien four à chaux. Ou le four à chaux put fort bien être édifié sur ces anciennes ruines. Telle est l'histoire fréquemment observée des lieux et des hommes de la Mola, de Formentera comme d'ailleurs. La tour de 1493 existe cependant, en ces lieux-mêmes, à 180 mètres d'altitude environ, avec une vue imprenable sur la mer. Sa fonction est saisonnière et correspond à la période des moissons, de la récolte du sel aux marais salants et au temps où la construction de nouveaux édifices à la ville d'Ibiza nécessita l'ouverture de carrières de pierres, nombreuses sur le pourtour de l'île. Des gardiens mandatés par les autorités résidant à la citadelle d'Ibiza y sont postés chaque année d'avril à octobre. Leur rôle est de surveiller l'apparition de la moindre voile dans le lointain, d'observer sa route, de transmettre l'alerte et d'organiser la défense dès que cette voile se manifeste comme une menace pour les moissonneurs, les saliniers, leurs familles et leurs troupeaux qui passent également l'été sur l'île. Il n'y aurait donc pas lieu d'imaginer une tour de caractéristiques très imposantes, mais une discrète plate-forme suffisamment dégagée pour être discernable depuis Ibiza et comportant un abri pour les quelques gardiens. Et peut-être, naturellement, cette structure se trouva-t-elle située de tout temps à l'emplacement même de la maison construite au dix-huitième siècle par la famille Mayans. Il serait même tout à fait raisonnable de supposer qu'il exista de tout temps en ce site l'assemblage du point d'observation de la mer, de l'abri des hommes destinés à cette tâche et d'une infrastructure d'habitation saisonnière ou semi-permanente à partir de laquelle s'édifia le

---

[59] Intéressant corps de documentation constitué de la chronique des événements concernant la ville d'Ibiza des treizième et quatorzième siècles relatés par un prélat de ce qui n'était encore à l'époque qu'une paroisse dépendant de l'archevêché de Tarragone.

logis que trouvèrent J.-B. Biot, Rodriguez et Arago en 1806 et 1807.

Il faut concevoir l'importance que peut revêtir au début du dix-huitième siècle, au moment où les premiers pionniers tentent de reprendre pied sur Formentera, la consolidation du point de surveillance de la Talaiassa. A cette époque où l'église fortifiée de San Francisco n'existe pas encore, c'est un réseau de simples fermes et la vigilance de leurs habitants situés sur les points élevés du relief de l'île qui se chargent de la transmission visuelle des alertes à Espalmador ou souvent directement à Ibiza. La maison que la famille Mayans commença d'édifier au début des années 1700 est en tous points semblable dans son architecture à la ferme typique des siècles précédents à Ibiza et les pionniers qui quittèrent celle-ci au début du siècle reproduisirent à Formentera le schéma traditionnel de l'habitat de leurs ancêtres. On suppose que le premier à y être né est Bartomeu, fils de Joan, en 1735. Le plus ancien décès recensé dans la maison a eu lieu en 1746 et concerne un autre Joan Mayans, grand-oncle ou arrière grand-père de ce Bartomeu 35. Il est de tradition dans cette branche de la famille de baptiser son fils aîné du nom de son grand-père paternel, ce qui donne ici cette alternance immuable de Joan et de Bartomeu. Chez le frère de Joan 02, Antoni, né en 1713, il en est de même et l'on y voit la même alternance de Bartomeu et d'Antoni de génération en génération. Pour ne pas confondre les divers Bartomeu Mayans qui ne cessent d'apparaître dans les registres paroissiaux, le prêtre y ajoute le prénom de leur père. Ce qui donne - malheureusement pas toujours - des appellations telles que Bartomeu Mayans de Joan, ou d'Antoni ou de Vicent, etc. Cela nous permet cependant de confirmer la présence de la famille Mayans et l'existence de la maison à la date de 1746. L'établissement officiel sur les terres sera enregistré en 1765, au moment où se marieront les quatre premiers fils de Joan 02. C'est donc le père de celui-ci qui, probablement nommé *atalayero* [60] par les Tur Damia, se fixera le premier sur l'île, mariera son fils aîné à l'église de San Francisco, qui lui verra naître ses enfants à la Talaiassa.

Quand Bartomeu 35 s'est marié avec Francisca Juan en l'an 1760, on a construit une deuxième maison à une cinquantaine de mètres en avant vers le sud-est dans laquelle le jeune couple s'est installé. Même architecture, même surface. Quand Biot, Arago et Rodriguez arrivèrent à la Talaiassa aux premiers jours de décembre 1807, la maison était en deuil. Francisca Juan, l'épouse de Bartomeu Mayans, âgée de soixante-huit ans, est décédée à la fin du mois de mai précédent. Les deux filles, Catalina et Esperanza, âgées de vingt-sept et vingt-trois ans, sont tout de noir vêtues. Encore en âge de se marier, leurs sorties de la maison sont réduites au minimum et pour plusieurs mois encore suspendues les visites traditionnelles de prétendants. Elles s'occupent courageusement de l'entretien et du fonctionnement du logis de leur père qui, à soixante-douze ans, a restreint ses activités à la fréquentation de l'église le dimanche, la pêche et la chasse quand la saison s'y prête et le petit artisanat domestique habituel. La mère de ce dernier, Isabet Ramon, âgée de quatre-vingt-quatorze ans, est là, également en deuil de sa bru et veuve du patriarche disparu à la Noël de 1800 après avoir fêté ses quatre-vingt-dix-huit ans. Ces gens sont solides, silencieux. La vie pour eux semble se dérouler comme un rite immuable et austère : rares déplacements, économie extrême de manifestations extérieures, pratiquement aucun langage.

L'autre personnage habitant la maison est Pere [61], soixante-deux ans, célibataire, le frère cadet de Bartomeu 35. Cet homme a eu son heure sinon de gloire du moins de célébrité à Formentera, puisqu'en 1771, alors âgé de vingt-cinq ans, sous le nom de Pedro Mayans, il fit partie du groupe des neuf conscrits obligés de quitter les Pithyuses pour faire leur service militaire. Tous les jeunes gens d'Ibiza et de Formentera, nous l'avons vu,

---

[60] Gardien de tour de guet.

[61] Équivalent en catalan de Pedro.

étaient enrôlés dans la milice dès l'âge de seize ans et pour cela traditionnellement exemptés de tout service militaire autre que celui-ci. Mais il advint qu'en 1770, bien que le pays fût en paix de toute part, une nouvelle ordonnance de conscription fut décrétée par le gouvernement de Madrid réclamant par tirage au sort un homme de chaque *quarton* (canton) des îles. Le gouverneur d'Ibiza interposa une requête au roi rappelant en plusieurs points les motifs traditionnels d'exemption dus à la mobilisation permanente des hommes de l'archipel durant toute leur vie. Aucun des arguments ne fut retenu par les autorités militaires et Pere de la Talaiassa, sur qui était tombé le sort pour Formentera, dût se rendre à Ibiza puis à Palma revêtir l'uniforme, avant d'être envoyé, pour deux ans sans doute, au Régiment de Guadalajara près de Madrid. On ne sait ce que fut pour lui cette longue absence loin de son île natale mais à son retour, quatrième fils de Joan Mayans en âge de se marier, et ses trois frères aînés l'étant déjà, il resta célibataire et vécut auprès de son frère Bartomeu jusqu'à la fin de ses jours en 1826.

La Talaiassa en ce début d'hiver de 1807 est donc peuplée de personnages très silencieux : une vieille dame de quatre-vingt-quatorze ans, Bartomeu veuf depuis six mois, son frère Pere et les deux filles de Bartomeu, Esperanza et Catalina, ainsi que leur frère Antoni, âgé de trente ans, qui lui aussi tarde à se marier. Il est malaisé de savoir comment ces six personnes se répartissent d'ordinaire l'habitat de Can Joan Mayans mais la présence des astronomes, occupant pour leur part deux des chambres de la maison [62], dut obliger à y apporter quelques modifications et il est probable que les deux hommes célibataires, Pere et Antoni, durent aller vivre chez leur frère et neveu Joan, l'héritier, dans la maison qu'il vient de construire. S'étant marié assez tard avec Maria Ferrer, celle-ci vient à l'âge de trente-huit ans de lui

62 Voir le plan de Chaix page 108.

donner un fils, prénommé naturellement Bartomeu, né en 1804 [63]. Il y a donc de la place dans la maison.

La comparaison avec les diverses habitations qu'ont connues jusque là les astronomes n'est pas à faire. Celle de Formentera est bien différente en tout cas de l'ermitage sans aucun meuble du monastère au désert de las Palmas, les tentes ou cabanes de pierre et de branches du Montgo, d'Espadan ou d'Arès, Can Lladalt au Campvell, ravitaillée par les matelots ou les couchettes inconfortables du *Terrible*. Ici à la Talaiassa, comme le dit Biot dans sa *Notice*, ils ont le gîte et le couvert. Les commissaires occupent les deux chambres proches de leur observatoire, déjeunent et dînent en compagnie de la famille, servis par Esperanza et Catalina. La proximité de la *Botiga* tenue par Joan Mayans, cousin-germain de l'héritier de la Talaiassa, leur permet de satisfaire tous leurs besoins en produits, marchandises ou matériel qu'ils peuvent commander à Ibiza. Biot, toujours inquiet du manque de fourniture et de provisions, et de l'angoissante frontière que représente pour lui la mer, le spécifiera. « Les planches, cordages, outils, vitres et vivres même, viennent d'Ibiza ». Il est bien certain qu'au moment de faire construire les nouvelles fenêtres ou les petits placards nécessaires aux instruments de l'observatoire, il ne trouva pas de vitrier à la Mola, mais il eut sans doute l'occasion de faire connaissance du menuisier et du forgeron qui existaient sur le plateau.

Le plus important est certainement le sentiment de sécurité qu'éprouvent les deux Français à la Talaiassa. Le port de leurs carabines dont ils disaient sur la péninsule ne se séparer quasiment jamais, ici n'est plus obligatoire, ni pour la protection de leurs instruments, ni pour leur argent qui reste déposé à Ibiza à la *Comandancia de Marina* sous la garde de M. de Palacios. Ils se déplacent librement entre la Talaiassa, le hameau de

---

63 Il s'agit donc ici de Bartomeu Mayans Ferrer que rencontra en 1867 l'archiduc voyageur Louis Salvador d'Autriche et qui vendit à l'Etat l'année suivante les neuf mètres carrés destinés à la conservation du point géodésique.

l'église, l'atelier des artisans qu'ils font travailler, la plage qu'ils connaissent déjà et où ils font des relevés de pression atmosphérique.

La tourelle située en avant de l'observatoire visible en *t'* sur le plan de José Chaix, de construction légère si l'on s'en tient à l'échelle mentionnée au bas du document, dut être édifiée durant le mois de décembre 1807, au début des opérations de triangulation. Celles-ci étant menées simultanément avec le calcul de la latitude, effectué au point *c'* indiqué sur le même plan, c'est un problème d'espace qui dut exiger cette construction imprévue. Rien de précis ne s'y réfère dans les documents dont nous disposons mais il est clair en comparant le croquis de Chaix de 1808 avec celui du géographe Ibañez soixante ans après que c'est bien là que sera édifié le pilier portant l'actuelle borne géodésique et autour duquel la maison des Mayans a continué de s'agrandir. C'est sur cette tourelle que sera installé le cercle de Fortin utilisé pour les observations de passage d'étoiles pour le calcul de la latitude au point qui marquera l'extrémité de l'arc de méridien.

A partir du 4 décembre, la vie des deux astronomes français reprendra un rythme très studieux et entièrement consacré à leurs travaux. Dès qu'apparaît l'étoile polaire, vers six heures de l'après-midi, ils braquent sur elle l'objectif du cercle pour mesurer sa hauteur sur l'horizon et l'angle qu'elle forme avec le zénith, opération répétitive qu'ils réalisent à deux durant plusieurs heures. Ils sont pour cela chaudement habillés puisque la température extérieure et intérieure en ces froides nuits de décembre et janvier s'échelonne souvent entre 3,5 et 10 degrés. Le tic-tac des horloges résonne dans l'observatoire très silencieux où ils entretiennent un petit brasero dont la pâle rougeur est avivée par les courants d'air passant par les fenêtres ouvertes. Dans la journée, ils consacrent leur temps aux expériences sur la longueur du pendule dont Biot a entrepris une nouvelle série de mesure.

A la nuit tombante, un soir de la mi-janvier, une comète apparaîtra dans le ciel. Qualifiée par Biot de « très brillante », on sait qu'elle fut observée en Angleterre à la même époque par William Herschel, qui lui donnera son nom, ainsi que par leur collègue Pons à Marseille qui lui aussi l'avait découverte à l'œil nu dès le mois de septembre dans la constellation du Serpent et la suivra jusqu'à sa disparition à la fin de janvier près de Céphée. Pons eut le temps d'ailleurs d'en calculer l'orbite et affirmera qu' « elle ne ressemble à aucune que nous connaissons ».

Le chapitre dédié à cette période dans le *Recueil d'observations* fait état durant ces deux mois de décembre et janvier du labeur quotidien des deux hommes qui, toujours anxieux de ne manquer aucune nuit claire, n'interrompent leurs observations ni les jours de fête [64] ni le dimanche. C'est ce dernier, diront-ils, qui leur tenait lieu de jour de fête. La vie agricole suspend alors pour une journée sa rude besogne. On se rend à la messe, se rencontre à l'église entre voisins éloignés du plateau et la vaste demeure de la Talaiassa, au sommet de la colline et grâce à la présence des astronomes, devient le point de ralliement de tout le petit peuple de la Mola.

> *Le dimanche était notre jour de fête. Ce jour-là, le bon curé de la partie de l'île que nous habitions venait dîner avec nous, s'informait du progrès de nos observations ; et cet excellent homme, beaucoup plus instruit que ne l'est ordinairement la classe inférieure du clergé en Espagne, prenait à tout ce que nous faisions un véritable intérêt. Souvent aussi des habitants venaient solliciter la permission de voir nos instruments ; et lorsqu'on les avait introduits, en petit nombre, dans la chambre où nous les tenions renfermés, ils témoignaient, en les voyant, tout l'étonnement de vrais sauvages. Quelquefois ils venaient en troupe le soir, l'alcade à la tête, danser dans notre cabane, avec mille cris et mille postures bizarres ; les hommes sautant, ou plutôt trépignant,*

---

64 Une seule notation du *Recueil d'Observations* concerne le 25 décembre 1807: « *On a remonté la pendule le matin* ». Pas d'observation le 31 décembre, mais deux séries de mesures sont opérées le 1er janvier entre 9h 40 et 9h 42, puis de 11h 30 et 11h 36.

d'une manière moitié européane, moitié africaine, tandis que les femmes ayant leurs cheveux serrés en longues queues pendantes, ordinairement postiches, tournaient et pirouettaient, pieds nuds*, sans quitter la terre, comme des poupées à ressorts. Le tout était accompagné d'une musique analogue, formée d'une espèce de fifre, d'un tambourin, et du cliquetis d'une grande lame d'épée que l'alcade frappait en mesure avec un morceau de fer. Lorsqu'on venait à passer, de ces amusements sauvages, dans la chambre silencieuse où se faisaient les observations, ce contraste de la civilisation et de la barbarie, des connaissances les plus sublimes et de la plus profonde ignorance, avait je ne sais quoi de grand et de pénible qui affectait l'âme d'une manière que je ne saurais exprimer.*[65]

Le curé, Francesc Tur, âgé de trente-cinq ans, vicaire de Nuestra Señora del Pilar depuis trois ans, est reçu, on le voit, chaque dimanche soir dans la très pieuse famille Mayans. Quelle peut être l'étendue de ses connaissances et de son instruction reste difficile à évaluer. Issu du séminaire d'Ibiza, il était capable d'enseigner l'écriture, la lecture et sûrement un peu de calcul aux enfants de sa paroisse, ce qu'il fit durant les dix-neuf ans de la première période de son sacerdoce. Car celui-ci fut interrompu sur ordre de l'évêché en 1824 suite à ses prises de position révolutionnaires en faveur de la nouvelle constitution et à l'action qu'il mena à Ibiza contre le gouverneur de l'époque soutenu par l'évêque. Aucun document relatif au jugement qui interdit au vicaire de porter son habit et d'exercer son apostolat ne subsistant aux archives de la Cathédrale, le peu que l'on sache est que ce n'est qu'en 1853, et pour deux ans seulement avant de mourir, qu'il put à nouveau diriger sa paroisse.

Quant à la famille Mayans, elle reste, de par la tradition de la maison, proche du pouvoir et des pouvoirs. L'évolution politique de l'Espagne ne la concerne pas plus que la majorité des

---

65 Les mots marqués d'un astérisque sont reproduits tels qu'écrits par J.-B. Biot.

agriculteurs de l'île bien éloignés et peu touchés par les soubresauts de l'Histoire et des luttes partisanes. Les postes de responsabilité continueront durant tout le dix-neuvième siècle à être occupés fréquemment par des membres de la famille. Maire, député, *regidor* ou *sindic* du nouvel *ajuntament* (mairie) de la paroisse de la Mola en sont issus ainsi que d'autres familles notables liées d'ailleurs souvent à la Talaiassa par des mariages. Antoni Mayans de Can Toni Mayans, frère cadet de Joan de la Talaiassa, né en 1713, fut de ceux qui allèrent en 1771, au nom des 230 habitants des trente maisons déjà construites [66], plaider auprès de l'archevêque de Tarragone en visite sur l'île, la cause des fidèles de la Mola démunis d'église et qui obtinrent alors l'autorisation d'édifier une chapelle sur le plateau. L'éloignement qui les séparait en ce temps-là du seul lieu de culte existant de San Francisco empêchait la plupart d'assister à l'office dominical. Les âmes pieuses d'alors se réunissaient au bord du plateau, en vue de l'église-forteresse du bourg distant de neuf kilomètres, dont on entendait parfois sonner la cloche à l'heure dite, et se recueillaient en priant devant le panorama de l'île posée sur l'immensité de la mer. On imagine ce que devait être la caravane de mules et de bourricots affrétée les jours de baptême, de mariage ou d'enterrement. Mariano Tur Damia, alors capitaine des milices de l'île et héritier à la Mola des vastes terres de sa grand-mère, fit don d'un terrain pour y construire l'église ainsi qu'un presbytère et l'archevêque promit que dès la chapelle terminée, il y ferait nommer un vicaire. Ce qui fut fait en 1784, quand Mgr Abad y Lasierra, originaire de Saragosse, vint bénir l'édifice placé sous l'invocation de la Vierge du Pilier, patronne de sa ville natale. En même temps que leur chapelle, les rudes habitants de la Mola construisirent leur moulin dont Bartomeu Mayans d'Antoni, de Can Toni Mayans et premier

66 Le plateau de la Mola compte en 1807 une cinquantaine de maisons et une population d'environ 400 personnes.

maire de la Mola acquit la propriété et la charge de meunier peu après.

Cette famille possède donc des responsabilités publiques et communautaires : moulin, mairie, surveillance des côtes. Bartomeu de la Talaiassa est certainement sergent des milices, autour de qui se forme la brigade en cas de mobilisation. La famille a dès le début du dix-huitième siècle été dépositaire d'une certaine autorité. Les noms d'Antoni et de Bartomeu Mayans apparaissent fréquemment dans les actes notariaux au moment de donner une appréciation sur le prix des terrains qui se vendent et s'achètent. La charge de maire et de sergent représente des revenus si non très élevés du moins réguliers. Sans oublier la *Botiga* créée par Joan Mayans, importante de par son rôle de distribution et d'exportation vers Ibiza, où la famille possède ce qui semble d'après sa situation sur le port être un magasin, de denrées telles que le fromage, la volaille et la laine de mouton, très appréciée à l'extérieur. La pratique religieuse est également de tradition familiale. Les Mayans, ainsi que toute la population de l'île à cette époque fréquente l'église et comme nous l'avons vu, son prêtre, régulièrement. Francesc Tur interviendra auprès de l'évêque Beltran au printemps 1808 afin que des indulgences soient accordées à quiconque réciterait le *Credo* devant la croix de fer que Arago a fait ériger à l'emplacement de la tourelle qui a servi aux mesures. Cette croix, ainsi que la tourelle, a disparu on ne sait quand, mais le centre de la station resta marqué au sol par une pierre de meule que découvrira Carlos Ibañez de Ibero en 1868 quand il vint opérer la nouvelle triangulation. Il déclare dans son rapport réinstaller la croix de fer de 1807 au sommet du pilier sur une petite dalle de pierre ajustée, selon le plan dont nous disposons, à la borne supérieure qui porte les inscriptions. Ajoutons que deux des enfants du petit-fils de Bartomeu 35, né en 1804, qui vendra à l'Etat les neuf mètres carrés en ce temps-là, deviendront ecclésiastiques. L'un d'eux, aumônier militaire à Barcelone lèguera à sa mort en 1921 une somme d'argent destinée aux travaux d'agrandissement de l'église de la Mola et à la construction de son actuel porche.

DANSE POPULAIRE A IBIZA

Le dix-septième triangle

Il semble que la relativement faible distance du port de Palma, où se basa le *Terrible* en vue de l'exploration des lieux propices à l'établissement de la station majorquine qui formerait le dix-septième triangle, permit une communication régulière avec Jean-Baptiste Biot et François Arago à l'œuvre à la Talaiassa. Les deux Français conçurent rapidement que Cabrera, trop basse sur l'horizon, ne pourrait être utilisée. Ils chargèrent donc José Rodriguez et le lieutenant Vacaro d'examiner et surtout d'identifier les deux sommets qu'ils voyaient assez souvent de la Mola et qu'ils supposaient être le Puig Major depuis lequel Méchain avait en 1793 établi la première liaison visuelle avec Barcelone. Ainsi qu'elle y avait été contrainte en arrivant à Ibiza en 1806, la Commission découvrira à sa venue à Majorque la nécessité de transformer les projets de Méchain et les points d'appui de la triangulation connectée dès lors aux trois stations méridionales de Montgo, Campvell et la Mola de Formentera.

Il s'avérera bien vite à l'examen opéré sur place par Vacaro à l'aide de la carte de Tofiño que les deux hauteurs observées depuis les Pithyuses appartiennent en fait au massif du Galatzo : le pic de Galatzo lui-même, haut de 1026 mètres et un peu plus à l'ouest, la Mola de l'Esclop dont les astronomes établiront plus tard l'altitude à 926 mètres. Cette montagne, où François Arago dès le mois d'avril suivant implantera finalement l'unique station majorquine, se trouve située à moins de dix kilomètres de l'île de la Dragonera, donc du méridien de Paris, et offre une vue excellente sur le Campvell et Formentera, réunissant ainsi les meilleures conditions.

Ce sont ces bonnes nouvelles que le mistic de Vacaro rapportera au début de janvier aux géodésiens français et qui leur permettront de voir leur programme enfin près du but. A la Talaiassa, les choses sont allées bon train. Comme l'écrit Biot dans sa lettre du 3 février, *trois mille observations de latitude ont été déjà opérées, cinq ou six cent observations d'étoiles et du soleil qui [leur] permettent de déterminer l'azimut du dernier côté du dix-septième triangle, à savoir son orientation par rapport au méridien.* Biot a même eu le temps de réaliser dix fois la mesure du pendule qu'il pourra comparer avec celle qu'il fera à Paris à l'aide du même instrument. Arago verra son collègue quitter la Talaiassa le 18 janvier emportant le précieux appareil ainsi que le registre des mesures de latitude qu'il présentera au Bureau des longitudes une fois rentré [67]. Vacaro pour sa part écrira le 9 mars à son supérieur de la Direction Hydrographique, José Espinosa, chargé du suivi de la Commission du côté espagnol : *Monsieur Arago m'a annoncé que M. Biot ayant regagné l'Espagne pour se rendre à Paris, il l'avait chargé de poursuivre la Commission en en dirigeant les travaux jusqu'à son retour, qu'il estimait être à l'automne.*

Le seul problème à son départ d'Ibiza pour Denia en ce troisième et définitif retour des Pithyuses de Jean-Baptiste Biot réside bien sûr en le permanent aspect des dangers de la mer. Obligé de laisser le sauf-conduit entre les mains d'Arago qui en aura encore besoin, il devrait donc se faire conduire par Vacaro, qui en a un également et de qui nous l'avons vu, Biot ne s'est quasiment jamais séparé, du moins sur mer. Mais c'est une autre formule qui sera adoptée. Au cours des douze jours qu'il passera

---

[67] Obtenue grâce à l'observation du déplacement de la Grande Ourse et de ß de la Petite Ourse, la latitude de la Talaiassa de Formentera, extrémité australe de l'arc de méridien mesuré depuis Dunkerque, s'établit à 38° 39' 56". La longueur du pendule battant la seconde observée par Biot à Formentera est de 741 mm 252, soit 74, 125 cm.

à Ibiza, et après de prudentes discussions, on le suppose, un chébec algérien, l'*Ibrahim*, offrira de le prendre à son bord et Vacaro le fera assister de Damian Garcia dont la présence et le grade devraient suffire à garantir la sécurité de l'astronome.

Le rôle du "brave pilote" n'est cependant pas clairement établi dans le récit que fait Biot de l'attaque de l'*Ibrahim*, ni le danger réel que représentent les affreux pirates qui le font prisonnier, encore qu'il n'y ait aucun doute sur leurs intentions répréhensibles. Damian prend-il part, comme interprète peut-être, à l'entretien qui semble avoir lieu en tête-à-tête dans la chambre du chébec avec le capitaine des pirates ? Est-il embauché seulement comme domestique, ce que paraît laisser croire Biot ? Il faut cependant saluer le courage, même s'il n'est qu'apparent dans la lettre qu'il écrit à son épouse, de l'astronome français qui voit le navire sur lequel il se trouve déclaré de bonne prise du simple fait de sa présence à bord et de sa nationalité. [68]

Dans la lettre qu'il adressa au BdL depuis Perpignan au début de novembre lors de son passage chez monsieur Arago père, Biot a bien signalé les nouvelles qui circulent dans le Midi concernant la déclaration de guerre d'Alger à la France [69] Sans entrer dans les détails des épineuses relations qu'entretiennent la Régence et Paris durant ces années, on peut observer qu'elles suivent de très près les renforcements successifs qu'imprime Napoléon à l'application du blocus continental et aux interdictions de traiter avec l'Angleterre. Ce qui reste à cette époque de raïs en activité ne travaillent quasiment plus qu'à leur propre compte et doivent donc se munir des accréditations délivrées à Gibraltar par les autorités britanniques. D'autre part, une complexe affaire d'échange de prisonniers traîne en longueur depuis des mois et provoque la colère du dey impatient d'aboutir à la conclusion des accords promis. Cette situation ne

---

[68] Le texte de la lettre se trouve en annexe

[69] Notons qu'un an auparavant, lors du décret de Fontainebleau, l'état de guerre avait été déjà décrété unilatéralement par Alger contre la France.

fait pas le jeu de Napoléon, il faut le dire, lui qui envisage en secret la possibilité d'utiliser, de même que les ports espagnols de la Méditerranée, celui d'Alger un jour ou l'autre en vue de ses projets d'attaque des possessions anglaises en Orient. Il y enverra même un agent sous couvert de diplomatie afin de se renseigner précisément sur les possibilités offertes par la rade et la ville d'Alger pour un débarquement éventuel. On fait là allusion au voyage du colonel Boutin qui fut chargé de la rédaction d'un rapport très détaillé de la situation en Afrique du Nord dans lequel semble ne pas être exclue une occupation des territoires de la Régence.[70]

Car tel est bien le centre des préoccupations de l'Empereur en ce début de l'hiver 1807-1808. Napoléon n'a qu'une chose en tête, mettre à exécution les vastes desseins établis à Tilsit, à savoir diriger avec la Russie une grande opération combinée sur l'Inde afin d'abaisser l'Angleterre et la forcer à la paix. L'approche qu'il a de l'Espagne, suscitée par l'accélération récente de l'évolution de la situation dans la péninsule ibérique, ne se réfère alors qu'au rôle qu'elle pourrait jouer dans la réalisation de ses projets orientaux. Napoléon est convaincu que l'Espagne peut lui fournir de l'argent, des forces et des vaisseaux qu'il ferait servir à sa domination de la Méditerranée et de là, au démembrement de la Turquie, à l'occupation de l'Égypte et à la conquête de l'Inde. Dans son esprit donc, la prise en main des affaires du royaume espagnol devrait naturellement entrer en jeu rapidement et sans problèmes.

En réponse aux inquiétudes de Charles IV, il lui fait porter une lettre par son agent Tournon en le chargeant d'observer très

---

[70] Une note de Napoléon à son vice-amiral Decrès en avril 1808 lui demande de *méditer une expédition sur Alger*. Il écrit d'autre part le 13 mai : « J'enverrai l'escadre de Toulon prendre vingt mille hommes a Tarente pour les porter en Egypte ». Lorsque l'Espagne commence de résister, le 26 mai : « Mon expédition est destinée ou pour Alger ou pour la Sicile et l'Egypte. Un pied sur la terre d'Afrique donnera à penser à l'Angleterre ». Des bruits courent alors sur le projet de s'emparer de l'Afrique du Nord afin d'y former une nouvelle colonie, beaucoup plus utile, et y exploiter le sucre, le café, de façon plus aisée qu'aux colonies orientales ou occidentales.

soigneusement l'opinion espagnole, ses sentiments à l'égard de Godoy et du prince d'Asturies Ferdinand. Puis ce seront Turenne, aide de camp de l'Empereur et Vandeul, l'ancien chargé d'affaires à Madrid et spécialiste des questions espagnoles qui seront envoyés en mission d'information. Le consul Lanusse adressera au mois de février 1808 un compte-rendu minutieux de l'état des navires ancrés à Carthagène et signalera à Paris le départ de l'escadre de Valdès pour se rendre à Toulon comme le réclame Napoléon. Il n'est par ailleurs qu'à demi surprenant que l'ouvrage de Grasset de Saint-Sauveur soit imprimé à la même époque et vienne apporter ce que l'empereur réclame de données précises sur les possibilités offertes par les différents ports des îles Baléares.[71]

Tous ces allers et venues commenceront bientôt à créer en Espagne des rumeurs, la plus alarmante évoquant même l'éventualité d'un prochain voyage de Napoléon en personne dont on suppose que la venue pourrait hâter le renversement de Godoy. Au lieu de cela, c'est vers l'Italie, le pays dont il est le roi, que l'Empereur des Français a décidé de se rendre à la mi-novembre 1807. Le comte de Tournon lui ayant rapporté d'Espagne que « le pays entier attendait son sort du grand homme », qu'il le regardait comme son seul appui, le protecteur du prince d'Asturies et aspirait à une intervention de Napoléon en faveur de Ferdinand, l'empereur trouva bon le 16 novembre d'aller rendre visite à ses sujets transalpins. Les entrevues qu'il eut tant à Venise qu'à Mantoue avec ses frères Joseph et Lucien traitèrent, bien qu'on ne le sache que par des récits bien postérieurs, des affaires d'Espagne et il est clair que devant l'un et l'autre fut évoquée explicitement et amplement l'éventualité pour eux de monter un jour sur le trône de Madrid. L'autre personne sollicitée au cours de ces entretiens et à laquelle l'empereur voudrait voir jouer un rôle afin d'assurer la fidélité de

---

71 Un premier extrait du livre du consul, *Voyage dans les îles Baléares et Pithyuses*, parut dans *Le Moniteur* le 18 novembre.

son alliance avec l'Espagne, fut Charlotte, la fille de Lucien, tout juste âgée de seize ans et qu'il convia à se rendre à Paris en vue de son mariage avec Ferdinand.

Quand à Milan il apprit, avec soulagement, le 17 décembre 1807, la prise de Lisbonne par Junot, Napoléon était déjà sur le chemin du retour à Paris et il vit définitivement se dégager l'avenir de sa politique sur la péninsule ibérique. Malheureusement, tant la jeune nièce que son père Lucien se montrèrent fort rétifs l'un et l'autre à ses projets de mariage et il dut désormais, du moins jusqu'à son arrivée en France, laisser les choses suivre leur cours et en accepter l'incertitude.

Cependant, le 10 décembre, et selon les ordres reçus, vingt-cinq mille hommes ont passé la frontière d'Irun. À Bordeaux s'est constituée une seconde armée de trente-quatre mille hommes sous le commandement du général Moncey, tandis qu'une autre division est en train de s'équiper à Perpignan où deux cent mille rations de biscuit sont fabriquées et expédiées vers la frontière [72]. Le 23 décembre, Dupont est déjà à Vitoria, avec l'ordre de pousser jusqu'à Valladolid et Moncey doit prendre sa place à Vitoria afin d'aller se poster à Pamplona. Si les mouvements de troupes de ce côté peuvent commencer de paraître suspects, la concentration des "forces d'observation des Pyrénées-Orientales" en Catalogne sont moins justifiables encore. La mission consiste-t-elle toujours à aller occuper le Portugal ? C'est ce que l'on se demande un peu partout sur la péninsule. Une lassitude envers les troupes françaises commence même de se faire jour en maints endroits. On avait au début accordé bon accueil à ces soldats et tâché de donner du pays une bonne impression. Ils allaient après tout, en participant au règlement du problème portugais, apporter leur appui au prince Ferdinand appelé donc à épouser une parente du grand empereur et hâter le dénouement de l'antipathie qui tournait à la haine envers Manuel Godoy dont on entrevoyait bientôt la fin. Mais

[72] Ces préparatifs n'ont sans doute pas échappé à M. Arago père ni à J.-B. Biot lors de son passage chez celui-ci à la mi-novembre.

ces troupes ont mauvaise allure. Il est vrai que les légions de réserves qui composent les forces de Junot et de Dupont, faites de conscrits peu formés, mal entraînés et indisciplinés, firent tout au long des routes du nord de l'Espagne un effet déplorable [73]. De plus, leur nombre qui ne cessait de croître non seulement indisposa bientôt le peuple des villes et des villages traversés mais souleva les pires craintes de Godoy qui vit dès la mi-décembre la partie quasiment perdue. Plus de quatre-vingt mille hommes ne pouvaient plus décemment affirmer qu'ils allaient apporter du renfort à l'occupation du royaume lusitanien. Godoy conseilla donc à la fin du mois à la cour de Charles IV de se déplacer à Aranjuez afin de se tenir prête à se rendre à Cadix d'où elle pourrait observer à distance l'évolution des événements et envisager de quitter le territoire si les choses allaient trop mal. Le favori prit d'ailleurs soin au départ de l'Escorial d'éviter de passer par Madrid pour ne pas avoir à souffrir les manifestations qui ne manqueraient pas de se produire contre lui et en faveur de Ferdinand.

On sait peu de choses en ce début de 1808 des réactions et du degré d'information des astronomes de la Commission quant à la nouvelle situation provoquée par les entrées continuelles de troupes françaises dans le nord de l'Espagne. Jean-Baptiste Biot, comme on l'a vu, passe ce qui semble être une paisible et studieuse quarantaine à Denia, qui se prolongera jusqu'à la mi-février [74]. Il utilise ce temps à ses études et ses expériences et est tout à son bonheur de quitter bientôt ce pays qui lui laissa, nous le savons, bien peu de regrets. Quand il se retrouvera à Barcelone à la fin de la troisième semaine de février où il nous dit rencontrer M. Viot, le consul de France, la grande cité catalane est dans un état d'extrême effervescence. La division de Duhesme qui avait reçu l'ordre de franchir la frontière des Pyrénées et s'était emparé au passage du fort de Figueras, est

---

73 Les bataillons de la Grande Armée, toujours stationnés en Allemagne, ne commenceront qu'au début de 1808 de se déplacer vers la France.

74 Voir en annexe la lettre de Biot écrite de Denia à son épouse.

entrée dans la capitale depuis le 13 et est sur le point de prendre la citadelle. Mais rien n'est dit dans la correspondance de l'astronome concernant la situation militaire exacte en Catalogne. On sait seulement que Biot sera à Paris aux premiers jours de mars, sa présence étant signalée le lundi 7 mars à l'Académie des Sciences.

Ce même lundi soir marque le retour de Palma du *Terrible* à Ibiza d'où Vacaro avisera de son arrivée Chaix et Arago qui viennent de terminer à la Mola la mesure de l'angle Esclop-Campvell en dépit du très mauvais temps. « Le temps a été affreux aux Pithyuses depuis le départ de M. Biot » nous dit José Chaix. Le vent très fort du 26 janvier les a obligés à interrompre les observations puis le temps est resté couvert jusqu'au 10 février où l'on a pu reprendre les travaux de mesure entre les averses, dont une de grêle le 20. Vacaro apporte-t-il à la Talaiassa des nouvelles du continent ? Il est difficile de le savoir et l'on suppose que l'état de la mer a probablement dû perturber la venue du courrier hebdomadaire de Barcelone durant ces semaines cruciales. On note d'autre part qu'à partir de cette époque les lettres adressées des Baléares au Bureau des longitudes s'espacent considérablement et mettent de trente-cinq à quarante-cinq jours pour parvenir à Paris, ce qui équivaut désormais à l'impossibilité d'utiliser et l'abandon de ce moyen de communication entre les astronomes de la Commission et leurs collègues de l'Observatoire. Seuls les consuls et le personnel de l'ambassade disposeront dès lors du canal en principe garanti de la valise diplomatique pour transmettre et recevoir leurs messages. On verra donc à Majorque les dates d'arrivée d'un navire en provenance de Barcelone ou de Valence coïncider avec l'annonce d'événements de la plus haute importance mais suivis souvent d'une semaine ou plus d'incertitude et d'ignorance de ce qui se déroule dans les diverses capitales espagnoles ou européennes.

A Ibiza, hormis les informations régulières transmises de Palma, parviennent de par la plus grande proximité de la péninsule et du port de Denia, ce qui sont souvent des rumeurs venues de Valence ou de Carthagène concernant les faits d'ordre militaire et politique en provenance de Madrid. Quand la population de la capitale se précipitera le 18 mars à Aranjuez pour s'opposer au départ de la famille royale vers Cadix et provoquera l'abdication du roi et la destitution de Godoy, la nouvelle n'en sera connue officiellement à Palma que le 5 avril, soit dix-huit jours plus tard.

Ce 18 mars, à la Talaiassa, José Rodriguez et François Arago ont commencé de démonter leurs instruments, de les emballer et se sont mis à la recherche, à la calanque de Sant Agusti, d'une embarcation disposée à les ramener, en principe pour la dernière fois, à Ibiza. Trois matelots restent à Can Joan Mayans pour surveiller les réverbères de la Mola qui doivent servir à l'observation de l'angle Formentera-l'Esclop qu'ils vont mesurer maintenant depuis le Campvell. José Chaix qui, d'Ibiza le 22 mars, informe le ministre d'Etat Pedro Cevallos du cours des opérations [75], annonce qu'il attend l'arrivée des deux astronomes de la Talaiassa et qu'il les accompagnera à bord du *Terrible* jusqu'à la Cala d'Albarca pour monter à la station du Campvell. Pour l'astronome espagnol, les aventures aux Baléares semblent terminées ; Vacaro le ramènera à Cullera où il doit « disposer, dit-il, les choses nécessaires à la mesure de la base de vérification et les observations astronomiques relatives à l'extrémité de l'arc de trois degrés de longitude ». Il précise également qu'ils doivent se rendre à Barcelone pour observer la latitude, mais ajoute : « Toutes choses considérées, je doute que nous puissions conclure notre commission en cette présente année ». François Arago, pour sa part, évoquant dans ses Mémoires cette dernière phase de l'opération et la jonction géodésique d'Ibiza, Formentera et Majorque par le dix-septième triangle, explique qu'il obtint ainsi « à l'aide d'un seul triangle, la

---

[75] Ministre de Charles IV, qu'il accompagnera d'ailleurs à Bayonne en avril, P. Cevallos fut toujours nettement anti-français et opposé à l'alliance avec les Français patronnée par Godoy.

mesure d'un arc de parallèle d'un degré et demi », à savoir la moitié de celui initialement prévu entre Cullera et Cabrera.

Il est bien clair qu'une fois achevées les observations prévues au sommet de l'Esclop à Majorque, les astronomes devaient revenir à Ibiza, où ils avaient, auprès de M. de Palacios, laissé le reste de l'argent appartenant à la Commission, avant de regagner Denia et Cullera pour terminer la mesure des trois degrés ainsi qu'Arago se le proposait. Mais il n'allait pas en être ainsi. Biot rentré à Paris, Chaix ayant regagné la péninsule, la Commission n'est plus constituée que de Rodriguez, le plus persévérant sans doute et de l'infatigable Arago, décidé à aller jusqu'au bout ; Damian sera là aussi, à la barre du mistic et prêt à tout face à l'adversité. Le lieutenant Vacaro, lui, va rester fidèle à sa couronne et jeter l'ancre du *Terrible* pour la dernière fois aux ordres de la Commission dans le vieux port de Palma de Majorque, en ce mois d'avril 1808 avant d'aller vers où l'appelle son devoir.

Les voitures en flammes du ministre Soler

José Chaix adressera sa dernière lettre à Delambre au Bureau des longitudes de Paris le 10 avril 1808. Comme d'habitude précis et détaillé sur les faits et gestes des uns et des autres, un peu servile, toujours soucieux de justifier la tâche qu'on lui a confiée, il annonce aussi cette fois le retour du beau temps. « Au coucher du soleil, nous avons vu du Campvell tous les monts depuis Alicante jusqu'à Tortosa ». Arago a couché dans la cabane dressée près des réverbères et a opéré les dernières mesures de l'angle formé par les signaux de l'Esclop à Majorque et la Mola de Formentera. « Le 8 au matin, tous les instruments et effets ont été portés à bord du mystique. Messieurs Rodriguez et Arago se sont embarqués à trois heures de l'après-midi et on a donné la voile vent en poupe. Ils seront probablement arrivés vers neuf heures. »

L'arrivée du *Terrible*, « felouque du roi et son commandant le lieutenant de vaisseau Manuel Vacaro », est en effet mentionnée au port de Palma le lendemain, samedi 9 avril, veille des Rameaux. Rodriguez, qui connaît déjà un peu la ville, guidera les premiers pas d'Arago dans les rues de Palma. Ils seront reçus en compagnie de Vacaro par le capitaine général Juan Miguel de Vives pour l'audience que celui-ci réserve habituellement aux étrangers en mission officielle. Mais une curieuse atmosphère semble se dégager de ce premier contact et c'est probablement

Vives qui expliquera aux astronomes la raison de l'agitation qui règne en ville. C'est quatre jours auparavant, le 5 avril, qu'est parvenue officiellement la nouvelle des événements d'Aranjuez.

L'entrée massive et continue des troupes impériales en Espagne ne cessait depuis février de surexciter les esprits de la capitale et le peuple madrilène s'impatientait et devenait chaque jour plus hostile tant aux Français qu'à Godoy que ces derniers, selon la rumeur, venaient renverser. Au comble de l'inquiétude, nous l'avons dit, le Prince de la paix était bien à raison soupçonné depuis décembre d'organiser l'embarquement du roi et de la Cour vers Cadix et l'Amérique du Sud ainsi que l'avaient fait les princes portugais de Bragance au Brésil. Une vive agitation le 15 mars fut provoquée par le premier indice d'un tel scénario : des régiments de Madrid étaient demandés à Aranjuez, distante de quarante kilomètres, pour escorter, on le supposa, la famille royale. Deux jours seulement passèrent avant que, brutalement, les ordres se retournent contre ceux qui les avaient donnés et que les gardes appelés à la résidence royale eux-mêmes prennent la tête de la foule ameutée pour empêcher le départ des *Reyes*. Dans la nuit du 17 au 18 mars, la multitude débordante de colère, prit d'assaut et mit à sac la résidence de Godoy. Au matin, Charles IV, sous la pression des émeutiers, dut démettre le favori de toutes ses dignités et une fois arrêté, le fit mettre en prison. Le lendemain, le roi, anéanti et démoralisé, se résolut à abdiquer en faveur de son fils qui fut proclamé roi sous le nom de Ferdinand VII.

Il est fort probable que le peuple de Palma commença de connaître et de commenter la destitution de Godoy et celle de son ministre des Finances, le Majorquin Miquel Gaietà Soler ordonnées à Madrid les 18 et 24 mars respectivement, avant l'annonce officielle du 5 avril. Mais ce n'est qu'à ce moment-là que les habitants parurent prendre conscience de l'ampleur de l'événement. Quand, deux jours plus tard, la Mairie publia le ban faisant état de l'abdication du roi en faveur de son fils, ce fut comme une double explosion de joie. Godoy le honni était vaincu, Ferdinand le bien-aimé devenait roi : les deux plus chers désirs du peuple espagnol des villes et des campagnes, des provinces et des îles étaient enfin comblés. On déclara patron de la nation le glorieux Saint Joseph, fêté le 19 mars, jour où le nouveau roi avait accédé au trône. On libéra tous les prisonniers politiques, injustes victimes du népotisme de Godoy. De Godoy, et de Soler qui depuis dix ans bientôt qu'il occupait le ministère des Finances, avait placé aux principaux postes de l'administration majorquine des parents et alliés de sa famille de façon outrancière, au détriment souvent des honnêtes fonctionnaires en place précédemment. L'intensité de la joie se convertit alors en haine et en désir de revanche. Dès la fin de la semaine, divers pamphlets, chansons et "poésies" dirigés contre les usurpateurs commencèrent de s'entendre et de circuler en ville, soutenus par une forte effervescence nocturne dans le centre de Palma et que l'approche de la Semaine sainte n'atténua pas.

La première cible de l'ire populaire fut le beau-frère de Soler, Miquel Montserrat, administrateur général des Salines, devant les bureaux duquel, en plein centre de la ville, fut érigé le mercredi un mannequin représentant Judas que l'on brûla le lendemain aux cris de "A mort Soler !". Montserrat vint se plaindre du "dommage et préjudice à sa dignité" auprès du tribunal qui fit ordonner l'arrestation de trois *muchachos* du quartier. Cependant le soir même, et là est bien sans doute le signe du réel changement qui est en train de s'opérer, trois *oficials* [76] viendront plaider devant le général Vives l'innocence des jeunes prisonniers et obtenir de lui leur libération immédiate. Et le lendemain à l'aube, samedi 16, veille de Pâques, apparut un nouveau Judas dressé au même endroit, que l'on brûla à neuf heures du matin en maudissant l'ancien ministre.

[76] Le terme d' *oficial* cité par J. Llabres, se réfère à un homme exerçant un métier (*oficio*) et appartenant à l'une des corporations d'artisans, dont la responsabilité sociale et le poids politique étaient importants.

La nouvelle de la chute de Godoy reçue le 5 avril était venue accompagnée de l'ordre de libérer son ennemi intime Gaspar de Jovellanos qui depuis cinq ans était interné à Majorque. L'illustre écrivain et homme d'Etat, ancien ministre de la Justice, choisit le jour de Pâques pour faire son entrée solennelle à Palma avec tous les honneurs dus à son rang et à la sympathie que lui portait la population depuis son injuste incarcération. Fête de la résurrection, fête de la justice, tout concourait, au milieu de l'enthousiasme général, à la poursuite des manifestations de délivrance et de hardiesse des habitants de la ville. Le mardi de Pâques, les deux filles de Miquel Montserrat et leur tante doña Juana Soler provoquèrent l'indignation et la colère de la bonne société du Born, avenue centrale de Palma, en venant effrontément, dit-on, prendre une glace au grand café. Leur apparition le lendemain dans une œuvre de bienfaisance donna lieu à des insultes aux fenêtres de leur voiture, qui furent brisées, et à divers jets de pierres et de chats morts. On s'en prit dans la nuit à la voiture de l'administrateur du courrier, parent de Montserrat, qui fut brûlée sur une place. Le jeudi ce fut un concert de trompes, de cornes marines et de trompette sous leurs balcons face auxquels une soixantaine de cadets et d'officiers déchargèrent d'un coup leurs fusils, ce qui obligea le général Vives à venir sur place calmer les esprits. Le 22 avril, dans le même but d'apaisement, les autorités déclarèrent "suspendus d'emploi jusqu'à nouvel ordre" quatre des hauts fonctionnaires visés par les tumultes et adressèrent un avertissement à ces dames pour avoir perturbé l'ordre public et provoqué la "mutinerie de la troupe".

Cet avertissement pourrait à lui seul symboliser l'aspect paradoxal de ces trois semaines d'agitation quotidienne en ville où, alors que huit mille personnes certains jours manifestent violemment dans les rues, les fauteurs de trouble sont désignés par les plus hautes autorités comme étant les "usurpateurs", membres de la bourgeoisie locale anciens partisans et clients du régime déchu de Godoy. Sous la pression populaire certes, mais avec une approbation tacite, le capitaine général Vives en plus d'une occasion se rangera du côté des manifestants et afin de maintenir ceux-ci dans le cadre de la légalité, permettra à la colère du peuple de donner libre cours aux déprédations et violences dirigées contre la famille Soler et ses alliés. Car même si le terme de "révolution" est parfois employé dans les bans publiés par Vives en référence aux troubles de ces journées, rien ne semble aller bien plus loin qu'une explosion de joie vengeresse consécutive au soudain, et à Majorque en particulier, inattendu changement de régime.

COMBAT NAVAL DEVANT PALMA. Le navire de gauche est un chébec, très semblable à ce qu'était le *Terrible*.

Arago et Rodriguez, arrivés le 9 avril, observèrent, sans doute avec une prudente réserve, l'excitation et le désordre de la ville qui s'étaient déclarés la veille même de leur arrivée. Il semble même que les opérations de la Mola de l'Esclop ne commencèrent pas avant l'accalmie qui se produisit à la fin de ce mois d'avril. Si l'on devait tenter d'imaginer l'état d'esprit du jeune astronome français, c'est sans doute d'une situation également paradoxale qu'il faudrait parler. Reçu chez le banquier Basilio Canut, vice-consul de France à Palma, François Arago est sûrement parfaitement renseigné à la fois de la conjoncture actuelle en Espagne qui évolue très rapidement et de l'occupation de Barcelone depuis le milieu du mois de février. En conçoit-il un sentiment de sécurité particulier, ou au contraire les tumultes palmesans lui font-ils redouter une révolte face à l'envahisseur ? Notons qu'en ces mois de mars et d'avril 1808, l'opinion espagnole est encore favorable dans son ensemble à la venue des troupes de Napoléon et aux premiers succès que constituent la chute de Godoy et l'accession du prince d'Asturies au trône. Arago connaît-il la stratégie de l'empereur et l'emploi que celui-ci compte faire des armées introduites sur la péninsule ? A-t-il eu vent d'un éventuel projet de débarquement aux Baléares, si tant est qu'il en soit question ? Est-il comme on l'a supposé et affirmé de plusieurs côtés chargé lui-même d'en évaluer à court ou moyen terme la faisabilité ? Ces questions, qui ont donné lieu à d'infructueuses recherches aux archives du ministère des Affaires Etrangères, n'ont jusqu'à ce jour produit de résultat concret. En l'absence du journal d'Arago, disparu dès le dix-neuvième siècle, et la très brève correspondance dont on puisse disposer de sa main relative à cette période, on ne peut que tenter à travers ses Mémoires de reconstituer le rôle exact qui a été le sien durant les quatre mois de son séjour majorquin :

A cette époque, la fermentation politique engendrée par l'entrée des Français en Espagne commençait à envahir toute la Péninsule et les îles qui en dépendent. Cette fermentation n'atteignait encore, à Majorque, que les ministres, les partisans et les parents du prince de la paix. Tous les soirs, je voyais traîner en triomphe, sur la place de Palma, tantôt les voitures en flammes du ministre Soler, tantôt les voitures de l'évêque, et même celles de simples particuliers soupçonnés d'être attachés à la fortune du favori Godoy.

La reconstitution de ces "journées d'avril" composée par Joan Llabres Bernal dans ses *Noticias y relaciones historicas de Mallorca* à partir d'une très étoffée compilation de documents d'époque que nous avons suivie jour par jour, fait état des premiers incendies durant la Semaine sainte par la crémation, du reste traditionnelle, du Judas devant l'Administration des Salines, le mercredi et le samedi saints. Il s'agirait là en fait du simple détournement d'une manifestation de défoulement habituellement autorisée par l'Eglise en ces jours de privation et de recueillement religieux, exceptionnellement dirigée et "signifiée" à une personnalité récemment passée au rang d'ennemi du peuple. Plus graves seront les incursions dans les remises à calèche ou diligence appartenant à ces personnes dans le but d'en extraire les véhicules et de les brûler publiquement. Plus violents seront les saccages opérés au domicile du chanoine Manuel Montserrat, beau-frère de Soler, par la multitude de *muchachos* et d'*oficials* qui en détruisent portes et fenêtres en toute impunité [77]. Le capitaine général devra le dimanche 24 faire ramener les voitures à leur remise par la troupe avant d'en décider solennellement la crémation en place publique le soir même. Par voie de tract, le 26 avril, sera annoncée une liste de onze voitures à brûler qui soulèvera une plainte fébrile des propriétaires auprès de Vives contre "les fomenteurs de mutinerie".

L'échauffement des esprits est alors à son comble. Par le courrier arrivé le samedi soir, on confirme les rumeurs selon lesquelles l'ex-ministre Soler avait été trouvé caché à l'Escorial déguisé en moine. A deux heures de l'après-midi, dimanche, le Born est déjà plein de monde. Il s'agit aujourd'hui d'incendier la voiture de Martin Mayol sur qui se portent alors les griefs de la foule. Bien que son domicile soit déjà protégé par des soldats, on forcera à quatre heures les portes de son garage et transportera

---

[77] Il ne semble pas que les manifestants s'en soient pris à cet ecclésiastique pour autre motif que celui de sa parenté avec l'ex-ministre des Finances.

sur l'avenue sa calèche sans que la caserne devant laquelle on passe ne réagisse. Encore une fois, Vives devra s'incliner devant la vindicte populaire et après avoir choisi le lieu de la crémation, l'autoriser à la nuit tombée "de peur que le peuple ne fasse des choses pires". L'aspect le plus politique des émeutes se fera jour le 25, quand la foule exigera de l'auditeur du tribunal Varela et au nom du peuple, la libération des hommes détenus depuis les troubles de l'année précédente consécutifs à la nouvelle loi sur le vin. Elle sera obtenue le jour même. Mais cette victoire apparemment facile sera la dernière, car ce même lundi, un avis est placardé dans toute la ville exhortant sur ordre du capitaine général Vives le peuple et la troupe au calme. Un autre est affiché le lendemain en termes plus conciliants semble-t-il, mais tout aussi fermes : les autorités approuvent et pardonnent les événements des semaines antérieures mais tout nouvel "attentat" sera désormais puni. Trois jours passèrent seulement, au cours desquels de nouvelles menaces par voie de tract contre les biens des partisans de Soler furent proférées, avant que Vives ne décrète l'ordre de consigner la troupe et les officiers dans leurs casernes. Le mouvement paraît alors s'interrompre tout à coup. Les corps de métier sont enjoints d'ordonner à leurs affiliés de ne laisser sortir personne dans la rue. Le dernier soubresaut semble se produire le vendredi 29 quand diverses affichettes annoncèrent la tenue pour l'après-midi d'un "acte solennel" sur le Born, dont l'annulation se produisit d'elle-même par l'ordre du général Vives de consigner les troupes et au peuple de rester chez soi.

Le calme revenu en cette fin de semaine permit à Arago et José Rodriguez de se concerter et d'envisager la poursuite des opérations et l'achèvement des mesures du dix-septième triangle. La concertation avec les deux autres stations du Campvell et de Formentera semble avoir été maintenue durant les trois semaines de tumulte et la caravane de mulets se mit en route pour la Mola de l'Esclop le 1er mai.

La trentaine de kilomètres qui sépare le port de Palma du sommet le plus occidental de la Sierra de Tramontana choisi pour établir la station, se parcourt aisément dans la journée.

Huit montagnes de Majorque, toutes situées dans la partie est de la Sierra dépassent les mille mètres d'altitude, depuis le Teix, à 1 060 m, au-dessus de Valldemossa, au Puig Major, près de Soller, qui domine l'archipel de ses 1 443 mètres. La Mola de l'Esclop et son voisin le Puig de Galatzo constituent l'extrémité ouest de la Sierra et c'est cette position, nous l'avons dit, plus proche d'Ibiza et du méridien, et sa relative facilité d'accès qui décidèrent Rodriguez à la choisir pour les dernières observations géodésiques. Il semble que les astronomes résidèrent quelques temps au *predio* Galatzo, grande propriété située au bas du vallon qui sépare les deux hauteurs du massif et où s'élèvent encore de nos jours les très belles bâtisses. Plus haut, à deux heures de marche vers le nord, sur un petit alpage, des ruines indiquent ce qui dut être le lieu d'habitation de la Commission durant les périodes d'observation, distant lui-même d'un peu plus d'une demi-heure du sommet. Là, à 920 m d'altitude, construite en grosse pierre, se dresse la cabane connue encore aujourd'hui sous le nom de *caseta d'en Arago* où furent gardés les instruments et où pouvaient s'abriter les gardiens tant de la fraîcheur de la nuit que de l'ardeur du soleil de printemps dans la journée. Sur le versant nord, près de l'alpage, la source du Quer protégée par ses ormes, toujours vive, permit l'approvisionnement en eau des hommes et des bêtes de la station.

C'est tout ce que l'on sait concrètement de la fin des opérations de triangulation : altitude du lieu, latitude, longitude et cette phrase d'Arago dans *Mesure de la méridienne de France* : « Je fis au Clop de Galatzo un grand nombre d'observations d'étoiles afin de déterminer l'azimut de cette station ». Tous les récits ou rapports concernant l'aspect scientifique de cette phase d'achèvement des opérations se trouvent naturellement oblitérés par ce qui va se passer et qui n'a plus rien à voir avec la géodésie, à savoir le tour dramatique que prennent alors les événements politiques sur le continent et qui vont déclencher l'émeute à Palma.[78]

MAJORQUE VUE D'IBIZA PAR TEMPS CLAIR. A gauche, la Dragonera, sous le méridien de Paris. Les deux hauteurs à droite sont la Mola de l'Esclop et le Galatzo. (photo J.A. Riera)

Le dimanche 1er mai, la majestueuse cathédrale de Palma de Majorque, résonna du *Te deum* chanté pour l'accession au trône de Ferdinand VII en présence de l'évêque, des plus hautes autorités, de la noblesse, de tous les corps constitués et d'une foule immense. Les trois nuits du 30 avril, premier et 2 mai, virent toutes les rues de la ville illuminées sur demande de la Mairie et c'est dans une ambiance de ferveur et d'apaisement que les habitants déambulèrent calmement sur les places et les

---

78 Arago effectua une première série d'observations de l'angle Campvell-Mola le 4 mai, suivie d'une deuxième entre le 10 et le 15 et interrompit ses travaux le lendemain.

avenues, mais sous l'œil vigilant, on s'en doute, de la force publique. C'est alors que le mercredi 4 mai, un courrier apporte ce que dans ses *Relaciones* Juan Llabres appelle « des nouvelles peu agréables de l'état de notre nation ». On apprend en effet que Sa Majesté s'est rendue à Bordeaux dans le but « d'embrasser son ami et allié l'empereur des Français ». Le petit groupe de nobles palmesans « que préoccupe tant la sécurité de notre souverain » fait dépêcher une barque vers Valence afin de s'enquérir des derniers développements de la confuse information. Pour calmer cependant l'inquiétude populaire qui se fait jour, l' *alcalde mayor* fait publier un ban affirmant la parfaite harmonie régnant entre Sa Majesté et l'armée française. La Mairie nomme le 6 mai un comité chargé d'organiser les fêtes prévues selon la tradition en l'honneur de l'accession au trône d'un nouveau souverain. L'évêché pour sa part prépare le 8 des rogations pour célébrer l'événement, exposition du Saint-Sacrement et procession générale du clergé, des autorités politiques et militaires à travers toute la ville.

Des propositions d'allègement d'impôts et de grâces spéciales parviennent de Madrid et de Sa Majesté « soucieuse de soulager ses sujets dans la mesure de ses forces et de l'état actuel de la Couronne ». Nul ne sait encore que deux jours auparavant le nouveau roi vient de confirmer devant Napoléon son renoncement et que Joseph Bonaparte se voit offrir sa couronne. Le 15 mai, Tomas de Veri, sieur de Valldemossa, parti se renseigner la semaine précédente, rapporte de Valence de « déplorables nouvelles sur l'état de l'Espagne ». Les infants Antonio et Francisco, oncle et frère du roi, ont été « enlevés de Madrid et emmenés en France ». Le général Murat s'est proclamé régent d'Espagne. Ces faits sans doute étaient déjà connus puisqu'ils constituèrent l'élément déterminant du soulèvement du *dos de mayo* (2 mai), mais l'effet en est brutal sur l'opinion palmesane[79]. Aucune manifestation violente toutefois ne se fait jour du désarroi que l'on suppose parmi la population.

À réception d'édits en provenance de la Cour, le capitaine général Vives les insère dans les bans qu'il fait afficher le 19 mai, insistant sur la nécessité « de convertir maintenant l'harmonie recommandée avec les troupes françaises en la plus étroite et réciproque confiance » du fait de la nomination par Sa Majesté du grand duc de Berg comme lieutenant du royaume. Est ordonné un recensement général des armes à feu et armes blanches en possession des particuliers et le couvre-feu décrété à minuit, assorti de l'interdiction d'apposer en des lieux publics tout libelle imprimé ou manuscrit. Un autre ban demande que « si des troupes françaises arrivaient dans cette île, elles soient reçues avec la même générosité que partout ailleurs et qu'on traite les soldats français comme des individus d'une nation amie et intime alliée ».

Le 26 mai, suite à la dernière arrivée du courrier de Valence, sorti vainqueur de violents combats contre des corsaires anglais ayant eu lieu en baie d'Alcudia et de Pollença qui ramènent les esprits à de plus usuelles réalités, le général Vives émet un nouveau ban enjoignant la population à « demeurer tranquille et à confier son bonheur aux sages dispositions et au pouvoir de l'Empereur Napoléon, selon les accords de Bordeaux du 12 mai ». La fierté et l'ardeur populaire, étouffées depuis quatre semaines par les mesures de prudence et de temporisation des autorités, vont retrouver leur voix le samedi 28, peu après l'heure du déjeuner. A midi et demi, rapporte Llabres, un *llaüt* s'est présenté au port en provenance de Benidorm, porteur d'un pli pour le capitaine général faisant état de la "plausible nouvelle" selon laquelle le 23 mai, à Valence, s'était formée une Junte de

---

79 C'est le 11 mai que la nouvelle parvint par le courrier de Barcelone des événements du lundi 2 mai où Murat voyant le contrôle de la ville insurgée lui échapper réprime énergiquement le soulèvement populaire de Madrid.

Gouvernement et acclamé le nom de Ferdinand VII. Deux cents mille hommes s'étaient levés en armes afin, disait-on, de venger le roi de la perfidie de Napoléon Bonaparte.

La première réaction est à mettre, toujours selon les documents rassemblés par Llabres, au compte d'un officier de hussards, José Antolin. Ce dernier, accompagné de plusieurs hommes de son régiment, s'empressa sur le champ d'aller chercher à l'atelier du peintre Colom le portrait du jeune roi en cours d'achèvement et de l'apporter au général qui, le plaçant sur le balcon du palais gouvernemental, lui fit, sabre au clair, rendre les honneurs. Acclamé par la foule qui avait envahi la cour et les abords du palais, Vives proposa de se rendre à la cathédrale pour y chanter le *Te deum* et *Salve regina*. Le tableau fut ensuite emporté sur le Born, escorté par tous les officiers levant haut l'épée aux cris de « Vive le roi ». Le capitaine réunit une heure plus tard son conseil et il fut entendu d'attendre « le succès de la péninsule », sans prendre pour l'instant autre mesure que celle d'exhorter la foule au calme.

Au même moment, en plein après-midi, la nouvelle se répandit parmi la foule de l'arrivée d'un navire de Valence ayant à son bord un officier français. Le colonel Berthémie est en civil, envoyé par Murat pour remettre un message au général Vives. Très bien peigné, dit-on, le cigare à la bouche, il semble persuadé que les vivats et l'effervescence qu'il remarque sur le quai vont en sa faveur et celle de l'empereur. Quand les hommes montés à bord lui intiment l'ordre de se joindre à la foule et de crier « *Viva Fernando !* », il pâlit, son cigare glisse au sol et il disparaît par l'écoutille. Devant la fureur de la multitude qui menace de s'emparer de lui, le bateau est dirigé immédiatement au fort de San Carlos, au bout de la rade, où Berthémie est mis aux arrêts. Le contenu du pli adressé par Murat au capitaine général Vives fera le tour de la ville dès le lendemain dimanche 29 mai et ne fera qu'alimenter le courroux et l'impatience de la population majorquine.

François Arago qui se trouve alors depuis trois semaines occupé à l'achèvement de ses travaux, à une vingtaine de kilomètres du port, en pleine montagne, n'en prendra connaissance que deux ou trois jours plus tard. Au chapitre XX de ses Mémoires, il résume en quelques phrases cette journée du samedi 28 mai, historique nous allons le voir tant pour l'île de Majorque que pour lui-même :

Le bruit se répandit dans la population que je m'étais établi là pour favoriser l'arrivée de l'armée française, et que tous les soirs je lui faisais des signaux. Ces bruits toutefois ne devinrent menaçants pour moi qu'au moment de l'arrivée à Palma, le 28 mai 1808, d'un officier d'ordonnance de Napoléon. Cet officier était M. Berthémie ; il portait à l'escadre espagnole, à Mahon, l'ordre de se rendre en toute hâte à Toulon. Un soulèvement général, qui mit la vie de cet officier en danger, suivit la nouvelle de sa mission. Le capitaine général Vives ne parvint même à lui sauver la vie qu'en le faisant enfermer dans le château fort de Bellver. On se souvint alors du Français établi au Clop de Galatzo, et l'on forma une expédition populaire pour aller s'en saisir.

Les plans stratégiques maritimes de Napoléon depuis 1805, bien avant la bataille de Trafalgar, faisaient état déjà de sa demande de faire coopérer l'escadre de Carthagène à sa lutte directe contre l'Angleterre. Ses projets d'invasion des Îles Britanniques et de menaces d'attaque sur Malte et l'Egypte impliquaient d'attirer en Méditerranée des croiseurs anglais que des jonctions de flottes franco-espagnoles vers Toulon ne manqueraient d'alerter. Godoy, après Trafalgar, se refusa à ces transferts et négligea de s'y soumettre en 1806 et en 1807 alors que son geste aurait été bienvenu et pu contribuer au retour en grâce auprès de Napoléon dont il avait bien besoin. Le 8 novembre 1807 encore, et en vertu du récent traité de Fontainebleau, le ministre Champagny avait réclamé à Charles IV cette fois l'envoi des six bâtiments de l'amiral Valdès qui restaient basés à Carthagène. « L'arrivée de quelques vaisseaux de plus à Toulon aurait pour l'Espagne, dit-il, l'avantage de dégager Cadix en attirant sur un autre point une partie des forces navales qui sont devant cette place ». La mollesse et l'ambiguïté des réponses espagnoles dues on le sait aux profits importants retirés de la contrebande et du statu quo établi autour de Gibraltar, durèrent jusqu'au début de 1808. Le 10 février l'escadre appareilla finalement pour la base militaire du sud de la France. Elle fit escale à Palma après une traversée agitée de cinq jours et relâcha devant Portopi durant quarante huit heures avant de repartir vers Minorque. Des avaries, dit-on, l'obligèrent le 21 à revenir et l'on attendit jusqu'au 2 mars avant de remettre la voile pour Mahon. Entre temps, un courrier avait été échangé entre l'amiral Valdès et Madrid dont la réponse apparemment fut de se maintenir à Minorque jusqu'à nouvel ordre. Napoléon dans une correspondance ultérieure mentionnera le fait comme une défection et une amère désillusion, et Godoy prétendra dans ses Mémoires avoir donné à Valdès ordre secret de s'arrêter aux Baléares, ce qui selon André Fugier n'est pas impossible. Néanmoins deux mois plus tard, l'ordre d'éloignement de l'escadre de Carthagène qui représentait à l'époque un tiers environ des forces navales espagnoles, revient au premier plan de l'actualité, en des circonstances certes bien différentes : non plus la faire servir à un quelconque détournement de l'attention des Anglais mais bien plutôt soustraire ces navires à toute velléité de s'engager alors contre les Français.

Ce trait n'échappa point à la sagesse populaire des habitants de Palma qui, après avoir ridiculisé l'ordre de Murat, s'y opposèrent fortement en incarcérant son envoyé, le colonel Berthémie. Il semble bien d'autre part que celui-ci, qui est en fait aide de camp de l'empereur, ait tout d'abord été chargé à travers le service de courrier rapide récemment mis en place entre la France et Madrid, de porter l'ordre personnel de Napoléon au duc de Berg. Notons pour finir qu'Auguste Berthémie menait là ce que nous appellerions aujourd'hui une mission à haut risque. Si l'on sait que Napoléon en cette fin de mai est toujours préoccupé par les efforts de reconstitution d'une marine en vue de ses desseins orientaux, la venue de son aide de camp à

Valence et aux Baléares a sans doute été également motivée par le besoin de Murat de savoir ce qui se passait au Levant et dans l'archipel. Depuis le 23 mai, nous l'avons dit, le soulèvement de l'Espagne se généralise et le départ de Valence du colonel le 27 mai au soir, sans qu'on en ait le moindre témoignage, dut s'effectuer en pleine insurrection.[80]

Dans une lettre à J.-B. Biot, écrite de Palamos le 10 novembre suivant, François Arago raconte en d'autres termes les derniers moments de son séjour dans la *sierra* majorquine :

J'étais, comme vous le savez, à Galatzo occupé du travail de la mesure de trois degrés de longitude ; j'avais déjà terminé la partie géodésique ; la lunette méridienne était établie et la série d'observations qui devait servir à déterminer l'azimut commencée ; j'avais aussi placé le cercle pour observer la latitude ainsi que pour mesurer l'azimut à l'aide des observations de la polaire ; j 'espérais vous annoncer dans vingt jours[81] *la fin de tous ces travaux, lorsque la révolution d'Espagne éclata ; les esprits se montèrent à Mallorca plus que jamais à l'arrivée d'un envoyé du prince Murat que le peuple voulait lapider, et ce ne fut qu'en le mettant en prison qu'on parvint à lui sauver la vie. Les paysans*[82] *me firent alors l'honneur de se ressouvenir de moi, qu'ils accusaient de faire des signaux aux troupes qui devaient prendre possession de l'île ; on m'avertit qu'ils voulaient venir me voir pour m'épargner la peine de descendre de la montagne ; je m'échappai pendant la nuit déguisé en marinier...*

---

80 Le lundi 30 mai, fête de la saint Ferdinand, la grande célébration en l'honneur du nouveau roi eut lieu dans toute la ville de Palma. On libéra l'après-midi les prisonniers anglais, corsaires pour la plupart, retenus à Bellver et fit défiler, muni des drapeaux espagnol et anglais, le colonel Berthémie que l'on força à s'exclamer "Vive Ferdinand VII et vive le roi d'Angleterre !".

81 C'est nous qui soulignons.

82 Il semblerait donc s'agir ici des fermiers habitant le *predio* de Galatzo, à la fois ferme et grande demeure située au bas de la montagne de la Mola de l'Esclop.

Vers Alger

Damian Garcia, patron du mistic *El Terrible*, "brave pilote" qui a trois mois auparavant patronné le voyage accidenté de Jean-Baptiste Biot vers Denia, va semble-t-il s'attacher de la même manière à la personne de François Arago. Le rôle qu'il va jouer ne paraît plus simplement devoir être celui d'accompagnateur ou de domestique mais correspondre plutôt à la fonction d'homme de confiance et de garde du corps. Dès que le 30 mai la population de Palma apprend que toute l'Espagne se soulève contre l'occupant et que la Junte Suprême de Gouvernement créée par le général Vives déclare officiellement la guerre à la France, celui-ci rend public un édit exigeant de tout Français présent sur l'île, installé ou de passage, qu'il se présente devant un comité de magistrats sous trois jours afin de jurer fidélité au roi Ferdinand VII. La mise en demeure n'échappe pas à la vigilance et au dévouement de Damian qui, prenant de vitesse la petite troupe fanatisée qui veut se rendre maître de l'astronome, se hâte vers la Mola avec dans ses besaces le costume de matelot qui permettra à Arago de se soustraire à la vindicte. *En me dirigeant vers Palma,* raconte-t-il dans ses Mémoires, *en compagnie du brave marin, nous rencontrâmes l'attroupement qui allait à ma recherche. On ne me reconnut pas, car je parlais parfaitement le majorquin. J'encourageai fortement les hommes de ce détachement à continuer leur route, et je m'acheminai vers Palma.*

Ayant attendu par prudence la tombée de la nuit, Arago, dont la stature remarquable pourrait être facilement reconnue en ville, se rend discrètement à bord du *Terrible*. Son plan est alors de demander à Vacaro de le conduire à Barcelone. *Je vous avouerai,* dit-il dans “Mesure de la méridienne de France”, *qu'en arrivant au mistic, je trouvai tout préparé par Vacaro avec tant de mystère que je crus être arrivé à la dernière heure.*

Barcelone étant occupée par les Français, Arago promet au lieutenant que si quiconque faisait alors mine de le retenir, il reviendrait immédiatement à Palma se constituer prisonnier. Pacte douteux et surtout risqué auquel n'adhérera pas le commandant du *Terrible*. Celui-ci n'a certes pas encore reçu d'ordre officiel de ses supérieurs de Carthagène quant à la conduite à tenir, mais il est clair que désormais il n'est plus au service ni aux ordres de la Commission et que celle-ci pour lui n'existe plus. Le dénouement s'opérera le lendemain : *Le général m'écrivit alors que le peuple avait découvert que j'étais à bord du mistic et qu'il était indispensable pour ma sûreté que je me rendisse en prison.*

Une autre version de la manière dont Arago fut reçu par Vacaro, qui inclut la fameuse scène du bahut décrite dans les Mémoires, laisse entendre que c'est au commandant du *Terrible* qu'il demanda d'être incarcéré à Bellver et que Vacaro en référa le lendemain au général Vives :

> *Don Manuel, qui jusqu'alors avait montré envers moi une obséquiosité extrême, n'eut que des paroles de rudesse et de défiance. Il se fit, sur le môle, où le mistic était amarré, un mouvement tumultueux que Vacaro m'assura être dirigé contre moi. "Soyez sans inquiétude, me dit-il ; si l'on pénètre dans le navire, vous vous cacherez dans ce bahut." J'en fis l'essai ; mais la caisse qu'il me montrait était si exiguë que mes jambes étaient tout entières en dehors, et que le couvercle ne pouvait pas se fermer. Je compris parfaitement ce que cela voulait dire, et je demandai à M. Vacaro de me faire enfermer aussi au château de Belver. L'ordre d'incarcération du capitaine général étant arrivé, je descendis dans la chaloupe, où les matelots du mistic me reçurent avec effusion. Au moment où ils traversaient la*

rade, la populace m'aperçut, se mit à ma poursuite, et ce ne fut qu'avec beaucoup de peine que j'atteignis Belver sain et sauf. Je n'avais, en effet, reçu dans ma course qu'un léger coup de poignard à la cuisse. On a vu souvent des prisonniers s'éloigner à toutes jambes de leur cachot ; je suis le premier, peut-être, à qui il ait été donné de faire l'inverse. Cela se passait le 1er ou le 2 juin 1808.

Au château de Bellver, sévère édifice circulaire qui domine la baie, sinistre prison dirigée par un officier caractériel qui enferme d'emblée l'astronome dans un cachot, Arago va en compagnie de Berthémie demeurer presque deux mois.

Dès le 2 juin cependant, il obtient du papier et écrit au général Vives une lettre lui rappelant l'objet de sa présence sur l'île et l'innocuité des signaux qu'il faisait à la Mola de l'Esclop. Restée sans réponse, il en écrit une seconde le 11 faisant valoir l'urgence dans laquelle il se trouve de regagner la France et proposant aux autorités une issue honorable à sa sortie de l'île[83]. Mais aucune réponse ne lui parvient. Confiant toutefois en sa bonne étoile et nullement démoralisé, il va comme il l'a fait jusque là s'en remettre au hasard des événements, et ce sont eux qui vont lui apporter le moyen d'échapper au destin périlleux qui semble alors être le sien. *M. Rodriguez seul osait venir me visiter,* conte-t-il dans les Mémoires, *en plein jour et m'apporter toutes les consolations qui étaient en son pouvoir*

[83] Le texte des deux lettres, inédites, se trouve en annexe.

CHATEAU DE BELLVER

L'astronome galicien lui apporte les journaux qui relatent les débuts de la guerre d'indépendance sur la péninsule, le soulèvement de Grenade, d'Oviedo, et de son pays, la Galice. Dans la gazette de Valence, on relate le massacre de plus de trois cents Français. Arago pense à M. Lanusse, à leur ami Morand à Denia. Quand soudain, c'est son propre nom qu'il voit imprimé sur le journal en compagnie de celui de Berthémie : *« Relacion de la ahorcadura del señor Arago y del señor Berthémie », littéralement: relation du supplice de M. Arago et de M. Berthémie. Cette relation parlait des deux suppliciés dans des termes très différents. M. Berthémie était un huguenot, il avait été sourd à toutes les exhortations ; il avait craché à la figure de l'ecclésiastique qui l'assistait, et même sur l'image du Christ. Pour moi, je m'étais conduit avec beaucoup de décence et m'étais laissé prendre sans soulever aucun scandale. Aussi, l'auteur de la relation témoignait ses regrets de ce qu'un jeune astronome avait eu la faiblesse de s'associer à une trahison, en venant, sous le couvert de la science, favoriser l'entrée de l'armée française dans un royaume ami.*

Arago a alors le pressentiment que si l'on évoque ainsi à Valence son assassinat, il se peut bien que celui-ci soit d'ores et déjà programmé. Et il élabore avec Rodriguez le moyen de s'évader de la forteresse. Celui-ci très intelligemment parvient à convaincre le capitaine général des dangers que constituerait pour sa position et celle de la *Junta de Gobierno* la disparition de son collègue français. *Ses observations,* ajoute Arago, *furent d'autant mieux comprises que personne ne pouvait alors prévoir quelle serait l'issue de la révolution espagnole.*

Cette révolution qui est en marche depuis tout juste deux semaines est en effet bien incertaine. Si les gouvernements de province prennent manifestement et énergiquement position en faveur de leur roi contre les manœuvres françaises, rien ne dit encore que le peuple lui-même et la hiérarchie militaire sont prêts à se lancer dans la révolte. Les troupes de Moncey avancent de Barcelone sur Valence. Dupont a pris Cordoue. Madrid semble calme. Le très sage Vives choisit donc la prudence vis à vis d'Arago dont il connaît la mission puisqu'il a visé les documents de la Commission, conscient de l'importance des travaux scientifiques menés en collaboration avec l'Espagne, représentée devant lui en la personne de José Rodriguez : *Je prends l'engagement, dit le capitaine général Vives à mon collaborateur Rodriguez, de donner au commandement de la forteresse l'ordre de laisser sortir, quand le moment sera venu, M. Arago et même les deux ou trois autres Français qui sont avec lui dans le château de Belver. Ils n'auront donc nullement besoin des moyens d'évasion qu'ils se sont procurés ; mais j'entends rester en dehors de tous les préparatifs qui deviendront nécessaires pour faire sortir de l'île les fugitifs ; je laisse tout cela sous votre responsabilité.*

Où aller ? Retourner à Ibiza récupérer l'importante somme d'argent qu'il a laissée sous la garde de M. de Palacios et, avec l'aide de Damian tenter de gagner Barcelone ? Le gouverneur d'Ibiza et ses officiers se sont rangés sans nul doute aux directives de la nouvelle Junte de Gouvernement des Baléares et seraient bien en peine de prendre quelque décision en faveur du

Français. Compter sur l'appui et la protection de Rodriguez et tâcher de regagner la France directement, la Sardaigne ou l'Italie comme l'avait fait Méchain ? Le voyage est très long et les mers encore infestées de navires anglais tout autour de l'archipel. C'est Damian qui apportera la solution. Bon connaisseur de la région, des vents et des forces en présence, il propose Alger. Un nouveau dey, Ali-bey, vient d'y prendre le pouvoir et se montre mieux disposé, dit-on, à l'égard des Français. L'Ibizain a remarqué sur une plage voisine « une barque à demi pontée que le vent avait poussée sur le rivage ». Il se propose de l'équiper comme s'il voulait aller à la pêche, d'y faire monter de nuit Arago et Berthémie et de les emmener à Alger. Il est fort probable cependant que l'accord dut se conclure directement entre Damian Garcia et le général Vives et que celui-ci favorisa et approuva, y compris par un document écrit, l'extradition des deux Français [84].

Manuel Vacaro pour sa part ne voit pas d'un bon œil les agissements auxquels se livre le pilote de son mistic mais malgré la "surveillance inquisitoriale" qu'il exerce sur lui, il ne peut en ce 28 juillet que constater sa soudaine disparition. A la nuit tombée, les deux prisonniers ayant fait ouvrir les portes de leur cellule comme convenu, descendent de Bellver vers la plage, se hâtent de monter à bord où trois matelots engagés par Damian ont déjà pris place, et la voile est mise sans tarder. Arago constate que celui qui est maintenant leur capitaine n'a pas failli à la promesse qu'il lui avait faite la semaine précédente: il a redescendu de la Mola de l'Esclop tous les instruments d'astronomie de la Commission, le cercle répétiteur de Fortin, les thermomètres, baromètres et compteurs soigneusement rangés dans une caisse.

Soudain, d'un clocher voisin, retentit un carillon insistant. Et plus haut dans la ville un autre se fait entendre ; puis ce sont

---

[84] En date du 17 août 1808, la Junte de Gouvernement de Majorque recevra une lettre du dey d'Alger demandant qu'on n'envoie plus de Français dans son pays. Vœu auquel les autorités de Palma s'empressèrent de s'engager par retour du courrier.

toutes les cloches de la cathédrale qui se mettent à sonner à toute volée. Malgré la mer qui est mauvaise, Damian a pris déjà le large et se dirige sur Cabrera où il est convenu qu'ils passeront la nuit. La ville de loin s'illumine de mille feux et des salves d'artillerie sont tirées du fort de San Carlos. Les matelots qui ont appris la nouvelle portée par le courrier de Valence arrivé à midi annonceront aux deux Français la raison des manifestations de liesse de la ville : un général de Napoléon, encerclé en Andalousie avec plus de quinze mille de ses soldats, vient de capituler et de se rendre sans conditions.

- Dupont, à Bailen... murmure Arago.

Auguste Berthémie était resté comme convenu silencieux jusqu'au moment de mouiller l'ancre à Cabrera. Persuadé que le tumulte perçu en traversant la baie était dû à la découverte de leur évasion par la population, il manifesta alors ses craintes que les pêcheurs nocturnes, nombreux dans cette zone, n'avisent Palma de leur présence. Arago calmement lui conseilla de s'en remettre comme lui à la prudence et à la compétence de Damian. Les matelots captant sans comprendre le sens de la conversation éprouvèrent alors des doutes quant à la personne de Berthémie qu'Arago avait auprès d'eux fait passer jusque là pour son domestique. Ils s'adressèrent à leur capitaine sur un ton où dut percer la fierté patriotique tout récemment confortée : *Nous n'avons consenti à prendre part à cette expédition qu'à la condition que l'aide de camp de l'Empereur, enfermé à Bellver, ne figurerait pas au nombre des personnes que nous enlèverions. Nous ne voulions nous prêter qu'à la fuite de l'astronome.*

A ces mots, Arago comprit en un éclair l'erreur qu'il venait de commettre, rabroua vivement Berthémie et s'appliqua dès lors à rudoyer suffisamment le colonel chaque fois qu'il prit la parole. Les soupçons disparus, et aussitôt que le vent se trouva favorable, aux toutes premières heures de ce 29 juillet 1808, Damian Garcia mit à la voile et le cap sur Alger.

INTERIEUR PAYSAN A IBIZA (photo F. Català Roca)

ANNEXES

I. Notes géodésiques et astronomiques

Latitude de Dunkerque : 51° 2' 10'' / latitude de la Mola de Formentera : 38° 39' 56''
Longueur totale de l'arc : 12° 22' 14''

Distance de Dunkerque à Formentera calculée en toises : 705.202,2216521292 toises, soit 1374 km 43913

Longueur du pendule à Dunkerque : 0,7420761 m, qui comparée avec celle mesurée à Formentera permet de calculer un aplatissement de la Terre de 1/321.

II. Sur le pendule

La décision révolutionnaire d'adopter la dix-millionième partie du quart du méridien terrestre comme étalon de mesure s'était trouvée jusqu'à 1795 en compétition métrologique avec les tenants d'utiliser à sa place la longueur du pendule battant la seconde à une latitude choisie, en l'occurrence le 45ème parallèle.

Cependant, les deux options furent longtemps maintenues et la Commission de 1806-1808 inclut de façon complémentaire l'observation du pendule dans son programme de recherche sur la forme de la Terre. L'instrument permettait en fait de mesurer l'intensité de la pesanteur d'un lieu. Le pendule, dont le premier modèle fut mis au point par Charles Borda, était constitué d'une boule suspendue à un fil de platine porté par une lame elle-même posée sur un plan de pierre très dure, de l'agate, afin d'atténuer les effets du frottement. L'appareil comportait un bras finement gradué sur lequel se lisait la longueur du fil. La mesure effectuée à Formentera donna une valeur de 0,7412520 m et le même instrument, en employant les mêmes méthodes indiqua 0,7419012 à l'Observatoire de Paris. La suite des expériences confirma les premiers résultats : plus on se déplace vers le nord et que l'aplatissement de la Terre s'accentue, plus il faut allonger le fil du pendule pour qu'il batte la seconde. Ce sont ces mêmes expériences qu'en 1825 J.-B. Biot alla effectuer à Trieste et aux îles Eoliennes, respectivement situés sous le 45ème parallèle et à la même latitude que Formentera.

III. « Observations sur la mesure de trois degrés de méridien dirigée en Angleterre par le lieutenant colonel William Mudge. »

par José Rodriguez,
lu devant la Royal Society à Londres, le 4 juin 1812.

« La détermination de la figure et de la taille de la Terre a de tout temps excité la curiosité des hommes de science, et l'histoire des diverses tentatives effectuées par les astronomes pour résoudre ce problème remonte à la plus haute antiquité. Mais le détail des méthodes employées alors étant resté très vague et le fait que leurs résultats furent exprimés dans des unités de mesure dont nous ignorons le rapport avec les nôtres, ne nous ont jamais permis de nous faire une idée précise de la forme et des dimensions de notre globe.

C'est à l'époque de la renaissance de la science en Europe que les deux grands philosophes Huyghens et Newton se sont pour la première fois penchés sur cette question, en ramenant aux lois connues de la Mécanique les principes sur lesquels devait être déterminée la figure de la Terre. Ils démontrèrent que le mouvement de rotation occasionnait des différences dans la force de la gravité à de distinctes latitudes et que par conséquent la Terre dans ses régions voisines de l'équateur devait être plus bombée que dans celles proches des pôles.

L'hypothèse la plus simple qui se présenta tout d'abord à leur imagination fut de supposer la Terre composée entièrement de la même sorte de matière et sa superficie celle d'un sphéroïde engendré par la révolution autour de son axe. Cette hypothèse, adoptée par Newton comme simple approche de la vérité, est de fait tout à fait en accord avec l'équilibre auquel parviendraient en peu de temps les particules à l'état pâteux ou de fluidité visqueuse après qu'on y ait imprimé le mouvement qui est le leur ; et l'excentricité dérivée de cette hypothèse est du moins point très éloignée de celle obtenue en fait dans l'état présent de consistance et de stabilité acquis par la Terre depuis très longtemps.

Mais une homogénéité de la matière composant la Terre contredit toutes les observations géologiques, lesquelles mettent en évidence que jusqu'à 5000 toises au moins sous la croûte terrestre, elle est formée par une masse immense de matières hétérogènes de densités variables ; de là l'hypothèse d'un état de fluidité totale conduisant à ce que les strates augmenteraient de densité de la surface vers le centre, que les plus denses se trouveraient donc sujettes à une moindre force centrifuge et que, par conséquent, la forme sphéroïdale résultante serait moins excentrique que celle d'un état d'homogénéité parfaite.

Le moyen le plus simple et le plus efficace de prouver les hypothèses se référant à la forme de la Terre consiste à mesurer dans les deux hémisphères plusieurs arcs de méridien à diverses latitudes et distants les uns des autres. Il faut reconnaître qu'en cela l'Académie des Sciences de Paris a donné l'exemple, en communiquant une impulsion originale à cette entreprise et non seulement en l'engageant, mais en mettant en pratique le plus difficile et le plus décisif du programme. Les résultats des premières mesures de différents arcs de méridien en distinctes parties du monde se montrèrent parfaitement conformes aux espérances de Huyghens et de Newton, ainsi qu'aux expériences réalisées sur l'oscillation du pendule à diverses latitudes et ne laissèrent le moindre doute de ce que la Terre était effectivement aplatie aux pôles, établissant ainsi un point d'un intérêt extraordinaire pour la Philosophie naturelle.

Ces résultats, cependant, n'atteignaient pas une exactitude suffisante pour établir avec précision le degré d'excentricité ou, du moins, les dimensions générales de la Terre, comme on pouvait l'espérer, étant donné l'inévitable imperfection des moyens employés pour ces opérations et les grandes difficultés qu'il fallut affronter.

Au début de la Révolution française, les hommes de science mirent à profit l'impulsion générale donnée par diverses sortes d'innovations et de changements aux connaissances humaines, et proposèrent de faire une nouvelle mesure d'un arc de méridien en France, dont l'objet serait d'établir un nouveau système de poids et mesures qui, en se fondant sur la nature des choses, serait permanent. Une Commission, composée des plus éminents membres de l'Académie des Sciences, fut chargée de formuler le plan de ces opérations, lesquelles devaient servir de base au nouveau système. Ils inventèrent de nouveaux instruments, de nouvelles méthodes, de nouvelles formules, et pratiquement tout l'ensemble de cette entreprise d'importance contenait quelque nouveauté scientifique.

Deux célèbres astronomes, Delambre et Méchain, furent chargés d'exécuter les observations astronomiques et géodésiques, qu'ils prolongèrent en Espagne jusqu'à Barcelone. Les détails de leurs opérations, observations et calculs furent ensuite examinés par une commission de savants, parmi lesquels beaucoup étaient étrangers, qui, réunis à Paris, confirmèrent leurs résultats, et la réunion de ces talents apporta la garantie de crédit et d'authenticité à leurs conclusions que l'on n'aurait difficilement obtenue de quelque autre manière.

L'année 1801, l'Académie des sciences suédoise, encouragée par le succès des opérations réalisées en France, envoya alors trois de ses membres en Laponie afin de vérifier la précédente mesure effectuée en 1736, avec de nouvelles méthodes et de nouveaux instruments, similaires à ceux récemment utilisés en France, ainsi que ceux dont l'Institut National de France fit don à l'Académie suédoise. Les résultats de cette nouvelle entreprise, qui s'acheva en 1803, furent mis en ordre par M. Svanberg et se révélèrent particulièrement intéressants de par leur exactitude, la clarté de leurs détails et par un certain degré de nouveauté apporté à la question dans la discussion adoptée par l'éminent professeur Svanberg.

Après tout cela, en 1806, Messieurs Biot et Arago, membres de l'Institut National, furent envoyés en Espagne dans le but exprès de continuer les mêmes opérations en direction du sud, de Barcelone à Formentera, la plus méridionale des îles Baléares. Il se trouve que cette entreprise, qui représente un supplément très satisfaisant de la première, s'est terminée au mois de mai 1808, à une période dans laquelle les circonstances politiques ne permirent pas les opérations subséquentes, comme moyen de vérifier les résultats, par la mesure d'une base qui fût indépendante de celle établie auparavant en France.

Les nouvelles mesures servirent à confirmer de manière notable les résultats généraux de celles qui les avaient précédées et donnèrent, très approximativement, le rapport de l'excentricité et les autres dimensions du globe, ne laissant le moindre doute quant au fait que la figure terrestre est aplatie aux pôles. »

(*Observations on the measurement of three degrees of the Meridian, conducted in England by Lieutenant Colonel William Mudge. By Joseph Rodriguez.*
in Philosophical Transactions. London, Royal Society, 1812.)

FRANÇOIS ARAGO (1786-1853)

Au terme d'une année entière d'incroyables péripéties, en mer, en Algérie et en Espagne de nouveau, qui occupent grande partie de ses Mémoires, intitulés *Histoire de ma jeunesse*, Arago débarque enfin à Marseille le 2 juillet 1809, près de trois ans après son départ, muni de l'essentiel de ses registres d'observations et des instruments qu'il est parvenu à sauver. Il est élu à l'Institut en septembre, se marie deux ans plus tard puis entame une exceptionnelle carrière de savant, d'inventeur et d'enseignant à l'Observatoire de Paris et à l'Ecole polytechnique. Son élection au siège de conseiller général de la Seine en 1830, puis celle de député des Pyrénées-Orientales l'année suivante, le mèneront à participer en tant que ministre de la Marine au premier gouvernement de la Seconde République. De cette brève contribution aux destinées du pays, l'Histoire se souvient que c'est sous l'impulsion de François Arago que sera votée en mars 1848 l'abolition de l'esclavage.

Son cours public d'astronomie, dispensé à partir de 1813 sous l'égide du Bureau des longitudes, réunit durant plus de trente années une grande affluence et donna lieu à la publication de *L'astronomie populaire*, encyclopédie extrêmement documentée sur l'astronomie de l'époque.

UNE STATUE VIRTUELLE (photo David Vergara)

Pour célébrer le quarantième anniversaire de la mort d'Arago, une statue de bronze fut érigée à Paris en 1893, tout près de l'Observatoire où il n'avait quasiment cessé d'habiter tout au long de sa vie. Comme beaucoup d'autres, la statue fut fondue au cours de la seconde guerre mondiale et il n'en resta jusqu'à nos jours que le socle.

La Ville de Paris et diverses institutions dont l'Observatoire, l'Académie des Sciences et l'École polytechnique, dans le souci d'honorer la mémoire du savant et de justifier enfin l'absence étonnante de sa représentation, firent appel en 1994 au plasticien hollandais Jan Dibbets (Amsterdam, 1941) dont le projet avait été retenu dans le cadre de la commande publique initiée par la Délégation aux arts plastiques du Ministère de la Culture.

Le projet se présente sous la forme d'un parcours ouvert à travers la ville, matérialisé par cent trente-cinq médaillons en bronze de douze centimètres de diamètre, fixés au sol le long du méridien de Paris du nord au sud de la capitale. Sur chaque médaillon est inscrit le nom d'Arago ainsi qu'un N et un S indiquant le nord et le sud, orientés dans l'axe du méridien.

JEAN-BAPTISTE BIOT (1774-1862)

Agé de vingt-trois ans, J.-B. Biot s'est marié en 1797 avec Gabrielle Brisson, seize ans, la jeune sœur d'un de ses camarades de l'Ecole polytechnique. Elle fut, si l'on peut dire, son premier élève et il lui transmit dès les premiers temps de leur mariage une solide formation en sciences et en mathématiques. Elle acquit de son côté de suffisantes aptitudes linguistiques pour tout au long de leur vie, en plus de lui servir de secrétaire, traduire pour son mari les mémoires scientifiques qui se publiaient en anglais et en allemand. Leur fille aînée, Blanche, naquit en 1800 et trois ans plus tard Édouard, qui accompagnera son père dans plusieurs de ses voyages, dont son retour à Formentera en 1825.

Avant tout enseignant, Biot mènera durant sa longue existence la carrière d'un honnête fonctionnaire, passionné par ses recherches et parfois passionnant dans les communications qu'il en fait de par le charme de sa langue. Chose rare à l'époque pour un homme de sciences, il fut élu à l'Académie Française en 1856. Premier biographe de Newton (1642-1727) et premier observateur des phénomènes de mirage, c'est surtout ses travaux sur la polarisation de la lumière qui l'occupèrent au temps de sa maturité, tout en continuant son œuvre de géodésien qui le mènera en Angleterre en 1812, puis en Méditerranée et dans l'Adriatique au printemps de 1825.

JEAN -BAPTISTE BIOT

Bien qu'occupé toute sa vie par les problèmes théoriques et la recherche pure, Biot est aussi indiscutablement un homme de terrain. En font preuve l'expédition d'avril 1803 en Normandie pour étudier les restes de ce qui fut le premier météorite observé en tant que tel en Europe. Son ascension aérostatique avec Gay-Lussac reste en toutes les mémoires et le fait qu'il se proposa sans hésiter, en compagnie du tout jeune Arago, pour les opérations des Baléares font de lui autre chose qu'un professeur confiné dans son laboratoire.

Toujours disposé à connaître et à observer, Biot fait cependant preuve souvent d'étroitesse d'esprit dans ses rapports avec l'inconnu humain. Ainsi de sa fréquentation de l'Espagne et des Espagnols dont il gardera ce qu'il faut bien nommer un mauvais souvenir. En font foi beaucoup de ses lettres à Delambre de 1806 et 1807 et il l'avouera dans sa correspondance en 1812-1813, lors d'un séjour consacré à d'autres travaux géodésiques en Angleterre. Le comparant avec ses souvenirs des

Baléares, il affirmera n'en conserver la mémoire que d' « un malheur quasi ininterrompu ». Ainsi également de l'obscure brouille qui le sépara de François Arago, dès leur retour d'Espagne et sur laquelle l'un et l'autre ne revinrent jamais.

Considéré souvent comme le mentor de Louis Pasteur, il orienta en 1848 ce dernier, alors âgé de vingt-six ans, vers l'étude des tartrates, une famille de substances organiques qui exercent sur la lumière polarisée une action qu'il a déjà observée. Les découvertes qui s'ensuivirent, élaborées conjointement par les deux chercheurs, fondèrent quasiment du jour au lendemain la réputation de Pasteur. Notons que Blanche Biot, la fille du physicien, épousa R. Vallery-Radot.

Ayant approfondi l'étude des langues orientales, Jean-Baptiste Biot poursuivit d'intéressantes recherches sur l'astronomie des anciens, Égyptiens, Babyloniens et Chinois. Il fut décoré de la Légion d'honneur à la restauration des Bourbons en 1814, date qui vient confirmer ce que l'on sait des mauvais rapports qu'il entretint sous l'Empire avec le pouvoir napoléonien.

JOSÉ RODRIGUEZ (1770 -1824)

Pour Rodriguez, l'aventure des Baléares se termine à Palma au début de l'été 1808, au moment de l'embarquement d'Arago pour Alger en compagnie de Damian. Aucune trace ne reste du rapport qu'il présenta des travaux de la Commission. On sait qu'il est versé en 1808, sans doute peu de temps après la fin des opérations, au Département de Carthagène pour « perfectionner ses travaux et s'employer à ce qui semblera utile au service de l'Etat ». Le 14 mars 1809, il est agrégé aux calculateurs à Cadix où il réside près de deux ans. Ses travaux consistèrent à mener à bien « les opérations de la Méridienne et la création de la carte de l'Espagne mise en œuvre sous la direction du ministère de la Marine ». Un rapport scientifique relatif au progrès des études concernant la forme de la Terre est alors présenté au roi. Le 23 novembre 1809, de Séville, il adresse à Sa Majesté un courrier demandant la permission de partir en Angleterre pour six mois et de recevoir ses appointements à Londres. Il s'agit là de sa participation aux opérations qui donnèrent lieu à son célèbre rapport à la Royal Society sur la mesure des trois degrés de méridien effectuée en compagnie du colonel Mudge [85] L'autorisation est accordée le 4 décembre, dans le but d'« augmenter ses connaissances ».

On retrouve le mathématicien en juillet 1812, quatre mois après la promulgation de la Constitution, à l'époque où il décide de reprendre possession de sa chaire à Saint-Jacques de Compostelle. Après deux ans d'exercice et coïncidant avec la restauration de l'absolutisme royal à Madrid, il part en Allemagne poursuivre ses études de minéralogie. Selon les mêmes modalités que lors de son séjour en France dix ans auparavant, le gouvernement lui concède une pension afin d' « examiner les établissements scientifiques » d'Allemagne, entre autres l'École des Mines de Freiberg, en Saxe, et le Harz. Il visite en 1817 l'Université de Göttingen d'où il envoie une intéressante description de la bibliothèque universitaire et de l'organisation estudiantine de la Faculté. Puis il revient à Paris, où il garde de nombreux amis, et il y passera l'année suivante tout en se rendant fréquemment à Bordeaux et Bayonne, afin d'expédier les instruments que lui réclament diverses universités espagnoles et qu'il se charge d'acheter ou de faire construire en France. Durant l'été, il visite la Suisse et l'Italie, est à Rome en août 1818, toujours à ses études de minéralogie.

C'est lors de ce deuxième séjour dans la capitale française que l'abbé Haüy, fondateur de la cristallographie, lui fera cadeau d'une collection de plus de mille échantillons « représentant toutes les dérivations possibles de types cristallographiques » dont Haüy avait mesuré les angles. Malheureusement, la

---

[85] Voir le texte en Annexe.

précieuse collection fait partie du lot des archives disparues de José Rodriguez.

Le 2 janvier 1819, il est nommé professeur d'astronomie et directeur de l'Observatoire de Madrid alors en cours d'achèvement. Comme tous les astronomes de son temps, on lui demandera surtout de confectionner l'almanach annuel et des horoscopes, tâche à laquelle il se rendra, bien que mécontent, de bonne grâce, d'autant plus que le budget de son établissement dépend essentiellement des revenus issus de la vente de ces produits. En 1822, il voyage à Valence, en Catalogne, Almeria, récolte des minéraux au cap de Gata et s'intéresse aux terres servant à la confection de la porcelaine. Il visite également les « immenses mines de plomb » dans les Alpujarras.

Revient-il à Ibiza ? S'est-il intéressé à S'Argentera, l'ancienne mine voisine de Sant Carles, dont on sait qu'elle fut remise en exploitation durant ces années-là ? Le « mystère Rodriguez » est plus vraisemblablement d'ordre politique, de par les positions qu'il adopta et l'action qu'il mena durant la période du « Trieno Constitucional ». *O matemàtico de Bermès* fut aussi homme politique et député, et comme le dit Ramon M. Aller, son biographe, « un amoureux de la Constitution des débuts du dix-neuvième siècle ». Une phrase significative extraite d'une lettre écrite à Julian Suarez Freire en mars 1820 semble à elle seule résumer sa vision des événements : « Aucun peuple de la terre n'effectua le passage soudain d'un stade d'abrutissement, d'esclavage et de barbarie à celui de liberté, d'indépendance et de raison avec autant d'ordre, de modération et de dignité que le peuple espagnol ». L'année suivante, ses opinions, en particulier à l'égard du clergé se durciront pourtant : « Les évêques, ont déclaré ouvertement la guerre à la nation, et celle-ci doit à son tour la déclarer à ces Espagnols infâmes et très mauvais ministres du Seigneur ».

Le député Rodriguez prêta serment le 7 mars 1821, travailla dans les commissions chargées des nouvelles divisions territoriales de la Galice et il semble que c'est avec dévouement et passion qu'il vécut les deux années suivantes. Il se plaint alors de sa mauvaise santé, passe un mois d'été à Oporto en 1824 et meurt le 30 septembre, à l'âge de cinquante-quatre ans.

DAMIAN

Damian Garcia, pour nous, disparaît à la page 91 des Mémoires de François Arago, à Alger, le 3 août 1808. Après la découverte par les hommes d'équipage de la véritable identité de Berthémie, l'aide de camp de Napoléon, qu'Arago tente jusque là de faire passer pour son domestique, Damian réussit à faire régner le calme à bord de la petite barque durant la nuit de relâche qu'ils effectuent à Cabrera en raison de la mer très agitée. Le « brave pilote » s'empressera de mettre à la voile, de peur que des pêcheurs de la zone ne signalent leur présence et ils parviendront à atteindre le port d'Alger en quatre jours.

> *Dès notre entrée* [dans le port], *un Espagnol, que nous prîmes, à son ton d'autorité, pour un fonctionnaire supérieur de la régence, s'approcha de Damian et lui demanda : " Que portez-vous ? - Je porte, répondit le patron, quatre Français. - Vous allez les remporter sur-le-champ ; je vous défends de débarquer." Comme nous faisions mine de ne pas obtempérer à son ordre, notre Espagnol, c'était l'ingénieur constructeur des navires du dey, s'arma d'une perche, et se mit à nous assommer de coups. Mais, incontinent, un marin génois, monté sur un bateau voisin, s'arma d'un aviron et frappa d'estoc et de taille notre assaillant. Pendant ce combat animé, nous descendîmes à terre sans que personne s'y opposât.*

Telle est, curieusement, la dernière apparition de notre corsaire et Arago ne nous dit pas de quelle manière, après quatre mois d'absence, il regagnera Ibiza. On ne sait rien non plus de ce que seront pour cet homme de quarante ans les années de la guerre contre les Français, si ce n'est qu'entre 1812 et 1814, avec le grade de capitaine, il prendra plusieurs fois le commandement de la frégate *Nueva Constitucion* et qu'en 1818, la paix revenue, il se verra confiée la ligne du courrier Ibiza-Alicante.

JEAN MORAND

Les héritiers du consul firent don au Musée de Denia d'une stèle que fit exécuter Morand et qui rappelle la première mesure de l'altitude du Montgo, l'imposante montagne qui domine la ville. Le texte gravé en français dans la pierre dit : « *Morand, à la mémoire de l'astronome P.F.A. Méchain qui mesura s'élever 390 toises de la mer le mont Mongo le 3 flor an 12* [23 avril 1804] ».

Selon l'édition de 1845 du *Diccionario Geográfico Estadístico Histórico de España*, cette stèle se trouvait en 1840 dans la maison de Nicolas Morand, rue Loreto, à Denia, tout près d'ailleurs de l'actuel musée. La famille Morand est l'une des nombreuses familles françaises d'artisans spécialisés ou de commerçants venues s'installer sur la côte du Levant espagnol à la fin du dix-huitième siècle dans le cadre d'accords plus ou moins formels de coopération entre la France et l'Espagne au temps des Lumières. Beaucoup eurent à souffrir de la révolte anti-française de 1808 et de la guerre de libération qui s'ensuivit. A l'inverse de leur collègue Lapêtre à Cullera qui fut tué par des fanatiques, Morand et les siens, ainsi que son collègue Lanusse de Valence parvinrent à se réfugier à temps en France, puis revinrent en Espagne quelques années plus tard. Il existe, au pied de la petite ville fortifiée de Denia, une *huerta de Morand* très verdoyante, jardin planté d'arbres fruitiers et de palmiers anciens, bordé d'un canal où vivent des grenouilles.

V. Projets d'avenir de J.B. Biot en 1818

Si jamais la civilisation européenne parvient à s'établir sur les côtes d'Afrique, rien ne sera plus facile que de traverser la Méditerranée par quelques triangles, en prolongeant notre chaîne dans l'ouest jusqu'à la hauteur du cap de Gate ; après quoi, remontant la côte d'Afrique jusqu'à la ville d'Alger, qui se trouve sous le méridien de Paris, on pourra mesurer la latitude, et porter l'extrémité australe de notre méridienne, sur le sommet du mont Atlas. (J.-B. Biot in *Notices*, page xcviij)

La prolongation aux Baléares des mesures sur le méridien de Paris entre 1806 et 1808 servit en fait de point de départ à la triangulation générale de tout le territoire espagnol et l'établissement de la première carte scientifiquement exacte du royaume à la fin des années 1870. La colonisation engagée par les Français depuis cinquante ans en Algérie et l'expérience acquise dans la coopération entre les savants des deux nations permirent d'envisager rapidement la jonction géodésique entre la côte occidentale de l'Algérie et les hauteurs de l'Andalousie.

Deux grands triangles dont l'un avait 280 kilomètres de côté furent mesurés en 1879 par le général Carlos Ibañez [86], et le colonel Perrier, de l'Académie des sciences de Paris et chef du service géographique des armées. Le mont Filhaoussen, proche de la frontière marocaine et haut de 1 137 mètres et le M'Sabiha qui domine la baie d'Oran furent les deux stations principales qui échangèrent leurs signaux avec les stations andalouses du Mulhacen au-dessus de Grenade et le Tetica au nord d'Almeria. Responsable des visées nocturnes, le colonel Mangin fit usage pour la première fois de la toute nouvelle machine magnéto-

[86] Cet officier, devenu directeur de l'Institut Géographique de Madrid est le même qui en 1868 vint édifier le support définitif du signal de la Talaiassa de Formentera. Voir chapitre « Le grand triangle ».

électrique de Gramme, actionnée par la vapeur, pour produire le signal lumineux.

Les opérations, subordonnées en particulier à l'état d'enneigement du Mulhacen, la plus haute des stations espagnoles (3 480 m) furent effectuées durant les mois de juillet, août et septembre 1879.

VI. Lettre de J.-B. Biot à son épouse lors de son dernier retour d'Ibiza

Denia à bord du chébec Ibrahim, le 3 février 1808,

Réjouis-toi ma chère amie, réjouis-toi, me voici heureusement de retour à Denia. Grâces à Dieu, il n'y a plus de mer qui nous sépare. Une fois réunis, j'espère qu'une aussi grande distance ne sera jamais plus entre nous. Je reviens avec l'opération de la méridienne terminée, d'une manière qui j'espère surpassera les espérances qu'on en avait conçues, rapporte trois mille observations de latitude, la mesure du pendule observée dix fois, cinq ou six cent observations d'étoiles et du soleil pour déterminer l'Azimut du dernier côté du dernier triangle. De plus l'opération de Majorque à laquelle nous avions cru être obligés de renoncer est reprise mais les triangles seuls pourraient être achevés cette année, et ma présence pour cela n'étant point nécessaire, je reviens à Paris. L'azimut de Majorque et celui de Cullera s'observeront l'année prochaine avant la mesure de la base mais comme ce sera la répétition du procédé très exact que nous avons employé à Formentera, ma présence n'y sera pas non plus nécessaire et Arago la fera seul. Pour cet été, il fera la latitude de Barcelone et moi j'irai avec toi et nos enfants à Bordeaux. Tout cela a été convenu amicalement entre Arago et moi et je n'ai eu cette fois qu'à me louer de ses procédés, ainsi que de ceux de Laroche.

Maintenant comment se fait-il que je t'écrive à bord d'un chébec que d'après son nom tu reconnaîtras facilement pour un bâtiment maure ? [87]*Voici mon histoire :*

J'envoyai le mystique à Majorque malgré les instances de Don Manuel qui voulait absolument me conduire et m'embarquai sur un chébec qui passait d'Yvice à Denia sous pavillon algérien. Les dix hommes qui formaient son équipage étaient des maltais et des majorquins, fort bons matelots et d'ailleurs Don Manuel m'avait donné pour m'accompagner un excellent matelot nommé Damian dont je t'ai je crois parlé comme d'un homme remarquable dans son état par la connaissance parfaite qu'il a des côtes de la Méditerranée. J'étais ainsi fort tranquille, le bâtiment était bon, le pavillon libre et l'équipage bien composé.

Nous partîmes d'Yvice le premier février au matin avec très beau temps mais presque sans vent, la mer tout à fait calme. Tout ce que nous pûmes faire dans la journée fut de traverser les détroits qui environnent l'île et qui forment un passage dangereux dans les mauvais temps. Le soir nous comptions jeter l'ancre dans une petite cale et attendre que le vent se décide pour nous. Car depuis plus de cinq semaines il règne des vents continuels de nord et de nord-ouest causés par la grande quantité de neiges qui est tombée sur les Pyrénées et sur les montagnes d'Aragon et de Valence. Or ces vents sont les plus contraires qui soit possible pour venir des îles à la côte. Ils mettent la mer dans une furie terrible et les tempêtes inévitables qui en sont la suite ont été depuis un mois la cause de la perte d'un grand nombre de bâtiments. Nous pensions donc à passer la nuit dans notre cale afin de ne pas nous exposer à la mer

---

[87] La venue de navires algériens n'est pas chose rare à Ibiza durant ces années. Pour 1808, le registre des *Derechos de Sant Elm* (droits de St Elme) qui répertorie les bâtiments ayant acquitté le droit d'entrée au port en signale huit, parmi lesquels les chébecs *Ibrahim* (deux fois), la *Maymona*, le *Limon*, la felouque *Maubru* et le mistic *Embar*. Les noms des raïs y sont également inscrits : Mohamet pour l'*Ibrahim*, Abdala, Abrahim, etc.

avant le jour, mais il nous entra un vent de sud si frais et si favorable que nous nous risquâmes à prendre le large.

Nous marchâmes ainsi toute la nuit de la manière la plus heureuse, et avec la mer parfaitement calme. Mais vers l'aube du jour, le vent cessa tout à fait lorsque nous n'étions plus qu'à une lieue du port et nous en approchions tout doucement à la rame en nous faisant remorquer par notre chaloupe, quand un maudit corsaire qui avait passé la nuit à l'ancre entre des rochers nous apparut et vient sur nous à toutes voiles et à force de rames en jetant de grands cris. Il avait le vent favorable. Nous étions dans ce calme, ses rameurs étaient trois fois plus nombreux que les nôtres et, animés par l'amour du gain, il nous eut bientôt joints à portée de canon et nous tira un coup à poudre pour nous donner l'ordre de nous arrêter. Nous le fîmes et en même temps hissâmes le pavillon d'Alger, ce qui ne leur fit pas beaucoup de plaisir, à ce que nous sûmes depuis.

Ils mirent leur chaloupe à la mer pour venir nous joindre, mais comme il survint un peu de brouillard, nous voulûmes en profiter pour leur échapper. Nous hissâmes de nouveau nos voiles et eux de leur côté firent de nouveau force de rames pour venir nous joindre. Nous entendions dans le brouillard leurs cris de hurra-hurra. Enfin, voyant que le brouillard se dissipait et que nous ne pouvions nullement leur échapper, nous carguâmes nos voiles de nouveau. Mais les misérables avaient bien vu notre manœuvre, ce fut pour eux un nouveau motif de nous atteindre, espérant faire une bonne prise et ils commencèrent à nous tirer des coups de traboucos dont les balles nous sifflaient aux oreilles. Mais personne de nous ne fut blessé. Notre bon et brave capitaine algérien monta sur la poupe et leur demanda pourquoi ils tiraient, puisque nous les attendions. Ils arrivèrent enfin et montèrent à bord. Jamais je n'ai vu de ma vie de pareilles figures de bandits. C'était un amas de brigands de toutes nations. Le capitaine ou prétendu tel était un ragusain, le second un génois, l'écrivain un homme de Gibraltar, le reste de l'équipage composé de génois, d'esclaves [slaves?], *de ragusains et d'espagnols. Ils commencèrent à injurier le capitaine et à le traiter de chien parce qu'il avait cherché à leur échapper. Ils voulurent sous mille et mille prétextes le déclarer de bonne prise, ils cherchèrent partout s'il y avait de l'argent à bord, enfin ils se conduisirent comme de vrais bandits. Sachant qu'il y avait deux passagers à bord, ils les demandèrent et je leur dis qui j'étais, ce que je faisais et je les prévins que comme j'avais obtenu un passeport de l'amirauté de Londres, était de bonne prise, qu'ils allaient nous emmener tous à Alger, mais que je pourrais racheter ma liberté. Si je voulais bien leur avouer que le Patron avait de l'argent caché et où il l'avait ; car tu sauras que les bâtiments qui naviguent sous pavillon maure et avec un passeport anglais ont réellement pour armateurs des espagnols, et le véritable patron qui était à bord avait en effet comme il me l'avait dit lui-même, dix mille francs de cachés. Je leur dis que j'ignorais absolument s'il y avait de l'argent à bord et que je n'en croyais rien ils devaient, quoique je n'en fusse pas muni, bien prendre garde à tout ce qu'ils feraient relativement à moi. Je tremblais qu'en fouillant dans mes malles et impatientés de n'y trouver point d'or, quelqu'un de ces misérables ne jetât à la mer les registres de mes observations et je voyais avec un chagrin cruel tant de peine et de travail perdu. Je sentais aussi un grand désespoir d'aller peut-être à Alger ou à Oran sans pouvoir au moins t'écrire un seul mot pour te tranquilliser sur mon sort, moi que les mauvais temps et les vents contraires avaient empêché de le faire depuis près d'un mois. Cependant je leur montrai tous mes instruments, tous mes livres et quand j'en vins aux registres des observations, je leur dis que j'aimais mieux qu'ils me tuassent que de me séparer de ces livres, que je les suivrais partout.*

Ma franchise, ou peut-être la crainte d'être punis à Gibraltar, leur en imposa. Ils ne voulurent rien toucher, rien déballer eux-mêmes de mes instruments. Ils firent ouvrir les registres mais ne firent que les regarder. Ils me firent ouvrir aussi une boîte où était un micromètre, mais plutôt par curiosité ou pour voir s'il y avait de l'or que dans le dessein de le briser. Ils se rendirent même à mes instances de ne point faire ouvrir la caisse où était la règle de fer qui sert à mesurer le pendule ainsi que la boîte où se trouvait enveloppé le pendule que j'ai mis en expérience à Formentera et dont le fil roulé sur lui-même me servira à faire une expérience tout à fait comparable quand je serai à Paris. Enfin ils finirent par me déclarer qu'à cause de moi, le bâtiment du tout. Ils avaient fait auparavant la même demande en arabe à notre capitaine qui leur avait dit la même chose. Ils lui avaient demandé aussi si j'avais de l'argent et lui avaient dit que sachant qui j'étais il était impossible de croire que je n'en avais pas. Enfin, après m'avoir fait fouiller dans tous mes coffres, ils me firent ouvrir mon écritoire où j'avais à peu près six onces d'or (cinq cent francs), reste de l'argent que l'Institut m'avait donné pour des expériences et de ce que j'avais pris pour mon voyage. Ils le comptèrent, me le rendirent et me dirent qu'il fallait absolument me rendre à Alger avec eux pour décider ce qui me concernait.

Juge de ma position après tant de tourments, de fatigues surtout après tant d'absence de toi et de nos enfants, aller encore courir la mer avec des pirates, vivre dans leur société pendant un mois peut-être, et me trouver témoin, peut-être victime des engagements journaliers où leur abominable métier les conduit. Je ne pus m'empêcher de leur témoigner combien cette circonstance était dure pour moi, à cause du retard qui en résulterait pour mon opération et des inquiétudes de ma famille qui n'aurait aucune connaissance de mon sort. Alors ils me proposèrent comme un moyen d'arranger les choses, de leur laisser prendre l'argent que j'avais et qu'à cette condition ils laisseraient aller librement le bâtiment et tout l'équipage. J'acquiesçai à leur demande. J'étais alors seul avec eux dans la chambre du chébec car ils avaient fait retirer tous les maures pour me parler en particulier. Comme ils craignaient que je n'écrivisse à Gibraltar pour me plaindre de ce traitement, ils exigèrent de moi un écrit portant qu'ils ne m'avaient rien volé, mais je ne voulus point consentir à le faire et je leur donnai seulement ma parole de ne rien dire au capitaine maure de cette convention.

J'ai tenu ma parole et nous sommes entrés hier à trois heures du soir dans le port de Denia où l'on nous a mis en quarantaine. J'ignore pour combien de temps nous devons y rester. Le gouverneur de Denia qui est fort de nos amis a écrit au capitaine général de Valence pour faire adoucir notre pénitence autant que possible. Le malheur est que le maudit corsaire nous a donné à bord de pauvres prisonniers espagnols qu'il avait fait sur un bâtiment d'Alicante et c'est ce qui rend notre cas un peu fâcheux. Mais d'un autre côté, on n'a aucune nouvelle d'épidémie cette année et dans cette saison sur aucune des côtes de la Méditerranée ni à Alger, ni à Oran, ni à Gibraltar, ni à Tanger et c'est ce qui nous favorise. Enfin j'espère que ce sera une retraite de huit jours ou de douze jours au plus et elle sera aussi peu désagréable qu'il sera possible. Déjà le gouverneur m'a accordé de ne point faire la quarantaine dans le chébec où nous sommes beaucoup de monde mais de la faire dans le château de Dénia qui est un vieux château ruiné d'où l'on découvre la mer et l'isle d'Iviça quand il fait beau temps. Ce château a appartenu aux ducs de Médina Celi dans le temps de leur splendeur, dans le temps qu'ils étaient puissants et qu'ils pouvaient faire ombrage aux rois d'Espagne. Maintenant le château est ruiné et la statue du Duc est à côté de moi dans la poussière. Je suis fort bien ici pour faire diverses observations sur un phénomène d'optique que l'on appelle le mirage et que j'ai soumis à un calcul rigoureux pendant que j'attendais le bon vent à Iviça.

Hier j'ai fait déjà à la suite des observations sur le mystique qui nous a assistés et j'ai eu le plaisir de voir qu'elles confirmaient mes calculs. Aussi mon exil ici ne sera pas long. Il ne sera pas non plus désagréable. J'ai un pavillon pour demeurer, Damian pour me servir, un lit et tout ce dont j'ai besoin, Monsieur Morand me l'envoie. J'ai avec moi tous mes livres pour travailler. On m'a accordé la liberté de me promener dans tout le château qui est comme je te dis un monceau de ruines. De là j'ai la plus belle vue du monde. Devant moi le Mongo où j'ai demeuré tant de temps lorsque je ne voyais pas comme à présent je la vois et je la touche, la fin de la commission. Au pied du Mongo, je découvre des champs couverts d'amandiers en fleur et le charme de ce beau Royaume de Valence qui me parait d'autant plus beau que je le vais parcourir pour la dernière fois, puis enfin la mer que je n'ai plus à traverser pour rejoindre ma famille, la mer qui est maintenant calme et nue comme une glace. Il est vrai que je suis prisonnier mais ma prison est douce puisque je peux me promener partout et les trois soldats qu'on m'a donnés pour garde de ma quarantaine ne sont pas si sévères qu'ils n'aient consenti à manger les restes de notre dîner et à boire un verre de vin avec nous, de sorte que toutes ces affaires de quarantaine sont, du moins pour le moment des formes de pure forme qu'il faut toutefois conserver pour le temps où elles deviennent nécessaires.

Voilà ma chère amie quelle est mon histoire et mon état présent. Dans peu de temps j'espère ma quarantaine sera finie. Je me remettrai en route pour t'aller rejoindre à Beauvais et nous ne nous quitterons plus. Nous irons cet été à Bordeaux avec toute la famille. Dieu me préserve de vous quitter désormais.

A présent que je t'ai instruite en détail de tout ce qui m'est arrivé, parlons de ce qui m'intéresse le plus, c'est à dire de toi. Je te remercie mille fois de ce que tu m'as écrit souvent. Je n'ai perdu aucune de tes lettres ; elles me sont toutes arrivées promptement, et même celles que tu m'adressais à Majorque parce que dès que je sus que je n'irais point dans cette isle, je fis écrire au consul de Barcelone d'arrêter toutes mes lettres et de les envoyer à Denia. Je ne puis te remercier et te louer assez de la conduite que tu as tenue à l'égard de mes pauvres parents,

Je n'avais pas besoin de cette circonstance pour connaître que tu n'es point une femme ordinaire mais un être particulier que le ciel m'a donné pour me servir en tout comme un ange gardien ou une divinité protectrice.

Adieu chère et bonne amie. Quand je serai à N..., nous tirerons le feu d'artifice car je n'ai pas jugé les habitants de Formentera dignes de voir celui que j'apportais. Je le rapporte, cela ne pèse rien et nous le tirerons nous deux. Adieu encore une fois, je t'embrasse, toi, Brisson, maman Declaye et nos enfants. Adieu. »[88]

VII. Sur Jules Verne

En 1978, l'astronome Daniel Escandell Serra, avec l'appui de l'Alliance Française et des organisateurs de la Semaine Culturelle d'Ibiza et Formentera, proposa l'érection à Formentera d'un monument à la mémoire de Jules Verne. Outre la célébration du 150e anniversaire de sa naissance, le petit monolithe dressé près du phare de la Mola veut avant tout commémorer la présence de l'île dans l'œuvre fleuve de l'écrivain français[89]. Présence discrète certes, dans un roman ne faisant pas partie des plus marquants de son auteur mais qui vient, soixante-dix ans après, rappeler directement, dans *Hector Servadac* (1877), les opérations effectuées en ces lieux par la commission géodésique franco-espagnole. La connaissance que Verne eut de celle-ci est, on le sait, fruit de son amitié dès 1850 avec Jacques Arago, le jeune frère de François qui mit entre ses mains le *Recueil d'Observations* ainsi sans doute que les Mémoires qui connurent en ces années un grand retentissement.

Mais c'est surtout dans *Aventures de trois Russes et de trois Anglais*, publié en 1872, et dans un luxe de détails, que les travaux d'Arago, Biot, Chaix et Rodriguez seront décrits. Le roman traite précisément de la mesure d'un arc de méridien en Afrique australe, alors qu'est déclenchée en Crimée, comme

---

88 La lettre est conservée à la Bibliothèque de l'Institut de Paris.

89 Voir photo page

pour rappeler les circonstances de 1808 avec d'autres protagonistes, la guerre entre Anglais et Russes autour de Sébastopol.

Autre informateur de Jules Verne en ce qui concerne les Baléares et grand lecteur de son œuvre, l'Archiduc Louis Salvador d'Autriche (1847-1915) qui, de passage à Venise, se joint par hasard, au printemps de 1884, à un hommage rendu au romancier. L'Archiduc l'invitera à bord de son yacht, le *Nixe*, et lui fera parvenir en 1890 un exemplaire de la seconde édition de son œuvre *Las Baleares* et *Las antiguas Pityusas*. Par le biais de son héros Clovis Dardentor quelques années plus tard, Verne rendra hommage à son tour au prince voyageur par une escale en baie de Palma dans son roman de 1896 où sont à nouveau évoqués les séjours d'Arago dans l'archipel, ainsi que celui plus récent de George Sand et Frédéric Chopin.

Comment ne pas rester rêveur devant ce jeu de miroirs à multiples facettes où brillent d'un éclat mat la visite en 1867 d'un archiduc autrichien à la Talaiassa de Formentera, la rédaction époustouflante, dix ans plus tard à Amiens, d'un roman fantastique où l'observatoire de Can Joan Mayans est propulsé en plein cosmos, puis la rencontre, sept ans après encore, à l'hôtel Oriental de Venise des deux écrivains navigateurs qui s'entretiennent probablement d'aventures et d'inventions mirifiques, de comètes, de volcans et de croisières majestueuses en cette Méditerranée qu'ils vénèrent tous deux autant ?

VIII. Retour de J.-B. Biot à la Talaiassa (1825)

« Troisième voyage entrepris en Italie et en Espagne pour la détermination de la figure de la Terre dans les années 1824 et 1825 ».

(in Mélanges scientifiques et littéraires, Académie des Sciences, Paris, 1825)

Parti de Toulon sur la goélette La Torche *en décembre 1824, Biot fait une première escale à Rome. Âgé de cinquante ans, il vient de publier un article très documenté sur Galilée et est reçu en audience par le pape Léon XII. Puis il se dirige vers l'Adriatique, visite Trieste et Fiume où il se livre à de premières mesures sous le 45e parallèle. Sur le chemin du retour, il visite les îles Eoliennes et y détermine la latitude de Lipari (38°30'), valeur quasiment égale à celle de Formentera, ainsi que la longueur du pendule. Le Stromboli voisin est alors considéré comme un phare naturel en mer Tyrrhénienne et montre une importante auréole rougeoyante suspendue la nuit au dessus du cratère. De Palerme, en quinze jours de navigation, l'expédition rejoint Palma de Majorque où elle arrive le 23 mai 1825.*

« [...] aller mesurer, avec les mêmes appareils, l'intensité de la pesanteur dans les îles Eoliennes à Lipari, au milieu des grands foyers volcaniques actuellement en activité, puis, ce que j'avais depuis longtemps à cœur, de revenir encore une fois à Formentera pour y déterminer de nouveau la latitude et la longueur du pendule, non pas avec plus de soin mais avec des instruments plus parfaits et de meilleures méthodes, que nous n'avions pu le faire, Arago et moi pendant notre premier séjour.

Nous fîmes deux courtes relâches, l'une en Sicile dont nous étions si proches, l'autre à Majorque la parfumée, que les émanations de ses orangers annoncent de loin aux navigateurs et nous allâmes aborder à Iviça, l'île principale du petit groupe des Pithyuses dont Formentera fait partie. Nous étant présentés chez le gouverneur, il nous apprit une nouvelle assez fâcheuse. C'est que les habitants de l'île étaient fort exaspérés contre les Français et qu'il y avait lieu de craindre pour notre sécurité si nous entreprenions de nous y installer.

Cela était venu à la suite d'une visite que leur avait faite quelques années auparavant une corvette française, dont les officiers étaient allés s'établir à notre ancienne station avec des lunettes et des instruments d'astronomie pour y faire des observations du même genre que les nôtres[90]. Ils s'étaient amusés à faire croire aux habitants que ces opérations auraient pour effet d'enlever leur île, et que les nôtres de 1808 n'avaient pas d'autre objet que de préparer ce résultat ; de sorte que ces pauvres gens montreraient sans doute une vive irritation s'ils voyaient revenir chez eux des Français pour renouveler une telle entreprise.

Ces détails me furent confirmés, par un d'eux qui se trouvait alors à Ibiza, et j'eus assez de peine à le désabuser. Toutefois je ne pus me résoudre à abandonner, pour de pareils motifs, cette dernière partie des opérations, la plus importante de tout mon voyage. Je me persuadai que si je pouvais me faire reconnaître de ces bons insulaires qui m'avaient témoigné autrefois tant de sympathie, je parviendrais aisément à les calmer, à dissiper leurs craintes, et à faire renaître leur ancienne bonne volonté pour moi.

Nous partîmes donc, ramenant avec nous notre homme de Formentera. Quand nous fûmes arrivés au mouillage, je laissai la goélette à l'ancre, et m'embarquant seul, avec lui, dans un canot, nous allâmes prendre terre, sur la rive prochaine, en vue d'un petit village appelé je crois, Santa Eulalia[91]. La première maison qui se présenta était celle d'un débitant d'épiceries et autres denrées de toutes sortes. Il était en ce moment occupé à vendre de la poudre à une pratique ; nous étant annoncés, moi et mon compagnon, l'acheteur se tourna vers nous avec une extrême surprise. C'était justement le frère de mon ancien hôte de la Mola. Il me reconnut aussitôt, me sauta au col, et oubliant son achat de poudre, il se mit à allumer une pipe en signe de joie, puis il m'accabla de questions : " Comment, c'est vous, Don Juan ? Vous venez nous revoir après tant d'années ! Comment vous portez-vous ? Que venez-vous faire ici, et en quoi puis-je vous y

---

90 Voir note plus bas.

91 Biot veut bien entendu parler de la calanque de Sant Agusti.

servir ? Je reviens, lui dis-je, comme autrefois, m'établir pendant un mois à la Mola, dans la maison de votre frère, avec un gros bagage d'instruments que j'ai laissés dans cette goélette qui est ici en vue ; et j'ai besoin de trouver, le plus tôt possible, une vingtaine de mulets pour les transporter là-haut. - Vous les aurez, Don Juan, vous les aurez : je cours avertir l'alcade de les réunir. "

Nous allâmes ensemble présenter une requête qui fut aussitôt accordée. On savait bien qu'il ne s'agissait pas d'une prestation gratuite, mais d'un paiement assuré. La reconnaissance ainsi faite, il n'y avait plus rien à craindre.

Je fis avertir la goélette de tout débarquer. J'eus seulement une heure de grande anxiété à retrouver mon fils, qui, inquiet de ne pas me voir revenir, s'était fait mettre à terre avec un des officiers, M. Denans, en quête de moi ; et ils s'étaient inutilement égarés dans ces sables sans chemin, ne sachant ce que j'étais devenu. Je les fis chercher, je les cherchai moi-même, et enfin on me les ramena sans encombre. Le débarquement s'effectua aussi sans nul dommage, et par le concours actif ainsi que bienveillant de nos matelots et des gens du pays. Nos caisses d'instruments, nos malles, les planches mêmes de la cabane, étant chargées sans retard sur nos mulets, notre caravane se mit en route pour la Mola, où nous arrivâmes vers minuit, mourant de fatigue et de sommeil.

Notre hôte que j'avais fait prévenir par un exprès, nous reçut avec la même cordialité que son frère, et après avoir déchargé notre bagage, renvoyé les hommes satisfaits, nous passâmes tranquillement le reste de la nuit sous son toit, sans avoir besoin de faire avec lui aucune condition pour notre soudain envahissement. Il comptait sur moi, comme moi sur lui. Dès lors le succès de notre entreprise ne dépendait plus que de nous.

Le lendemain les appareils du pendule furent attachés aux mêmes murailles et aux mêmes places, où on les avait établis dix sept années auparavant, mais on ne pouvait commencer à les observer avant d'avoir monté jusqu'à la station les gros blocs de pierre qui devaient servir de support aux horloges et aux instruments astronomiques. Ce fut une opération très difficile, ayant à leur faire gravir des sentiers rocailleux, à pentes rapides, à peine praticable pour des mulets et des chèvres. Il fallut les placer sur des rouleaux de bois, et les tirer jusqu'à nous, à force de bras [92]. On s'occupa aussitôt de les enfoncer profondément dans le sol, d'y établir les instruments, et de monter la cabane destinée à les abriter.

Nous choisîmes pour cela un emplacement tout proche de l'ancienne station, qui avait été religieusement préservé de toute atteinte par une croix, que nous nous gardâmes bien de déplacer. En tout cela nous fûmes puissamment assistés par une escouade de matelots et d'ouvriers de la goélette que commandait un officier, M. Denans, lequel s'était dévoué à partager notre solitude et qui s'associa également à nos observations avec autant de zèle que d'habilité. Cette escouade, composée d'hommes actifs et intelligents, resta campée près de nous, sous une tente, pendant tout notre séjour ; non pour nous protéger, cela n'était pas nécessaire, mais pour nous aider, ce qu'ils firent efficacement.

Un soir j'entendis l'un d'eux déclamant des vers attentivement écoutés. Je demandai à M. Denans quel était ce poète qui les captivait. C'était Corneille ! Ils lisaient un vieil exemplaire détaché de la tragédie du Cid. »

Note

Dans ses Noticias y relaciones, *Llabres mentionne la venue au port de Mahon les 13 et 23 octobre 1823 de deux corvettes françaises* la Chevrette *et* la Victorieuse *commandées par les*

---

[92] Il semble que, ainsi que les astronomes l'avaient constaté et s'en étaient plaint déjà en 1807 et 1808, l'usage du chariot reste encore inexistant à Formentera en 1825. C'est plutôt l'absence de chemins carrossables, bien réelle, qui peut paraître étonnante, plus que celle de véhicule à roues à cette époque. L'Archiduc Louis Salvador, lors de sa venue en 1867, signalera la présence de trois chariots utilisés alors sur l'île. Il en dénombre vingt-cinq sur l'île d'Ibiza. Les transports domestiques habituels se faisaient à l'aide de brancards, ou à dos d'âne et de mulet.

capitaines Perrels et Lemoine. Elles semblent constituer l'avant-garde de la petite armada chargée par les forces du duc d'Angoulême d'annoncer à Majorque la dissolution des Cortès *et la restauration de Fernando VII. En effet, en date du 3 novembre suivant « une escadre formée de deux frégates, d'un brigantin et de deux corvettes » prend position dans le port de Palma où le général José Taberner est nommé pour « rétablir la légalité aux Baléares ». Selon l'historien Isidor Macabich, il «gouverne à Palma en 1823 » et arrive à Ibiza en novembre ; les dates des 13 et 23 octobre à Mahon correspondraient donc à la « prise » de Minorque, suivie de celle de Palma puis d'Ibiza en novembre. Il est à supposer que la date du 9 novembre 1823 avancée par Macabich comme celle de l'annonce de la restauration, (opérée à Madrid le 28 septembre précédent), doit correspondre à l'arrivée à Ibiza de cette armada et coïncider sans doute avec l'arrogante occupation de la Talaiassa de Formentera mentionnée par le gouverneur à Jean-Baptiste Biot en juin 1825.*

IX. Lettres de François Arago écrites au château de Bellver en juin 1808.

Castillo de Belver le 4 de juin 1808

Monsieur le Capitaine Général,

L'opération dont m'a chargé l'Institut national de France et le Bureau des Longitudes et pour laquelle le gouvernement espagnol et anglais ont montré leur grande protection en accordant le premier un bâtiment du roi uniquement destiné à nos travaux et le second un passavant, est comme sait Votre Excellence purement scientifique.
Les signaux que cette opération exige ont donné des craintes aux habitants de la campagne, Votre Excellence a jugé à propos de l'interrompre et je n'aurais qu'à la remercier de cette sage

précaution puisque c'est à elle que je dois très probablement ma sûreté personnelle et comme le l'espère aussi celle des nombreux et précieux instruments que j'ai avec moi.
Au commencement de la dernière guerre de la France avec l'Espagne, mon prédécesseur, M. Méchain, était occupé des mêmes travaux dans le Principado de Cataluña *; le général en chef de l'armée espagnole l'engagea à les interrompre, mais on lui fournit les moyens de se rendre en France. J'attends de la similitude de circonstances dans laquelle je me trouve que Votre Excellence et la* Junta de Gobierno *voudront bien accéder à la demande que je vais avoir l'honneur de leur faire.*
D'après une lettre que j'ai reçue par le dernier courrier, je vais incessamment être chargé de faire en France une opération en tout semblable à celle qui m'occupe dans ces îles. J'ai par conséquent un besoin indispensable de mes instruments. Leur perte serait irréparable ; je serais blâmable aussi d'exposer le fruit de sept mois d'un travail très pénible et très coûteux à être perdu dans un instant. Car si un corsaire anglais me rencontrait sur un tout autre bâtiment que sur le Mystico Terrible, il aurait le droit de s'emparer de tout.
Je demanderai par conséquent à la Junta *qu'elle permette à Don Manuel de Vacaro de me porter dans un quelconque des ports de Catalogne. D'après les dernières nouvelles, cette province est tranquille et je ne puis m'empêcher de faire remarquer, que le plus léger délai peut me mettre dans la nécessité d'être détenu ici pendant très longtemps, car si par malheur la guerre s'allume, quelque soit celui des deux partis qui ait l'avantage, je serais également dans l'embarras. Dans l'un des cas les raisons qui pourraient vous déterminer à retenir dans ce moment le mystico seraient* ...[93] *plus puissantes et dans l'autre je ne pourrais pas débarquer.*
Vos lumières, celles des différents membres de la Junta *et enfin la justice de ma demande me persuadent que j'obtiendrai une réponse favorable.*

---

[93] Un mot est ici illisible.

Je suis de Votre Excellence le très obéissant serviteur
F. Arago

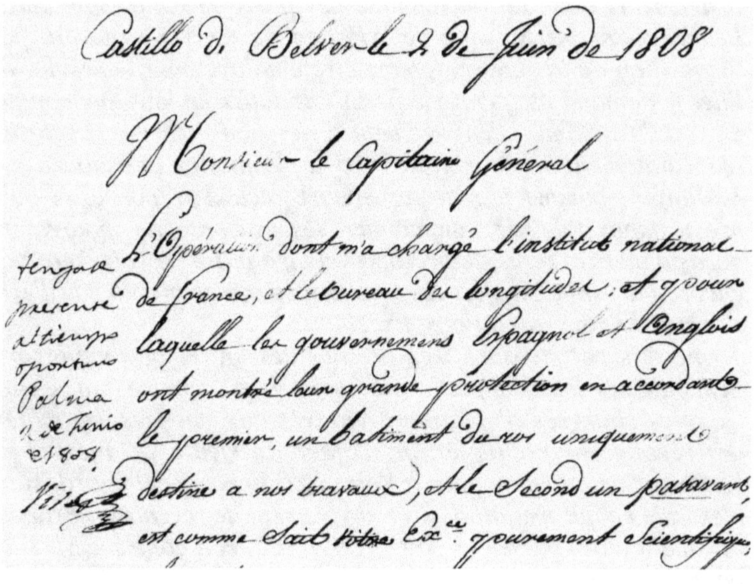

Castillo di Belver le 2 de Juin de 1808

Monsieur le Capitaine Général

L'Opération dont m'a chargé l'institut national de France, et le bureau des longitudes; et pour laquelle les gouvernemens Espagnol et Anglois ont montré leur grande protection en accordant le premier, un batiment du roi uniquement destiné a nos travaux, et le second un passavant, est comme sait ~~Votre~~ Exc.ce purement Scientifique;

tengase presente a tiempo oportuno
Palma 2 de Junio de 1808
Vives

MANUSCRIT DE LA LETTRE DU 2 JUIN. Dans la marge, une annotation du capitaine général Vives. (Archives du Conseil Insulaire à Palma)

Deuxième lettre :

Belver le 11 juin de 1808

A Son Excellence le Capitaine Général des Îles Baléares
J'eus, le 4 du mois courant, l'honneur d'écrire à Votre Excellence, et de la prier de me permettre de passer avec mes instruments dans un quelconque des ports de Catalogne ou de France ; ayant su que le Mystico le Terrible devait par disposition de la Junta Suprema *être employé pour le service de l'île, je demandais qu'on me permît de louer un* laüt *quelconque en contractant l'engagement de lui faire accorder immédiatement après mon arrivée la permission de retourner à Mallorca ; comme je n'ai pas encore reçu de réponse, et qu'il m'est impossible de soupçonner les raisons qui pourraient occasionner un refus, je présume que ma lettre ne vous sera pas encore parvenue, et c'est dans cette idée que je prends la liberté d'écrire de nouveau à Votre Excellence.*
Je me suis permis dans mes précédentes lettres de fortifier ma demande par les exemples des personnes qui, comme moi se sont trouvées chargées d'opération relatives aux sciences, au milieu des révolutions politiques. Je n'ajouterai rien à ce que j'ai eu l'honneur de communiquer à Votre Excellence à cet égard, si ce n'est que ce qui me fait désirer si vivement de revenir en France, est que je dois passer en Angleterre avec mon confrère M. Biot pour y faire des expériences de pendule ainsi que le gouvernement anglais a bien voulu nous le permettre.
Je désire que les nombreuses occupations de Votre Excellence et celles de la Junta Suprema *lui permettent de prendre ma demande en considération et j'attendrai la réponse avec d'autant plus d'impatience que j'ai l'espoir qu'elle me sera favorable.*
J'ai l'honneur d'être de Votre Excellence le très humble serviteur
F. Arago

membre du Bureau des Longitudes et chargé de l'opération de la méridienne.[94]

X. « Observations sur des poissons recueillis dans un voyage aux îles Baléares et Pithyuses. » par M. Delaroche, docteur médecin.

in *Annales du Muséum d'Histoire Naturelle*, Paris, 1809

Sur les pêches d'Iviça.

L'île d'Iviça est située sous le 39è degré de latitude, à quinze lieues des côtes d'Espagne, à cinquante de celles d'Afrique ; sa plus grande longueur est de sept lieues sur une largeur de quatre [95]*. Elle est fort montueuse et bordée dans presque toute son étendue de rochers escarpés, entre lesquels il n'y a qu'un petit nombre de plages. Au sud se trouve la petite île de Formentera, et entre les deux sont divers îlots à bords escarpés. La mer, qui baigne les côtes, est médiocrement profonde. Le rivage s'abaisse d'abord assez rapidement, de manière qu'on trouve presque partout, sans s'éloigner de plus d'un quart de lieue, vingt ou trente brasses de profondeur ; mais ensuite l'inclinaison du fond diminue beaucoup, et il faut s'éloigner de deux ou trois lieues pour trouver de soixante à quatre-vingt brasses d'eau. Du côté du sud-ouest, les côtes s'abaissent plus lentement. Au nord de l'île, au contraire, on trouve promptement de grandes profondeurs, mais on pêche rarement de ce côté. A peu de distance du rivage, le fond est presque partout couvert de diverses espèces d'algues, dont la plus abondante de beaucoup*

---

[94] Ces deux lettres, inédites, sont déposées aux archives du Conseil Insulaire de Majorque, (AGCIM).

[95] Une lieue = plus ou moins 4 km. Une brasse = 4 pieds, soit 1 m 26.

est celle que Caulin a décrite sous le nom de zostera oceanica, *et que M. de Candolle a désignée sous le nom de* caulinia oceanica. *Lorsqu'on s'éloigne davantage, les algues disparaissent et font place à diverses espèces de lithophytes et de cératophytes, que l'on retrouve même dans les profondeurs de cent cinquante et deux cents brasses. Le fond est en général de vase ou de sable fin hérissé dans quelques endroits de rochers, dont les uns dépassent le niveau de l'eau, les autres restent plus ou moins en dessous.*

Les mers d'Iviça paraissent fort poissonneuses et passent pour l'être beaucoup ; néanmoins la quantité de poisson que l'on y prend n'est pas très considérable. Elle ne donne matière qu'à une exportation de nulle importance, qui ne compense pas même la quantité de morue séchée que l'on importe dans cette île, denrée dont les habitants, ainsi que la plupart des Espagnols, font une très grande consommation. Parmi les causes auxquelles on peut attribuer le peu d'abondance des produits de la pêche, il faut compter la nature du rivage, qui ne permet pas de faire de grandes pêches aux filets, et surtout le petit nombre de pêcheurs et leur manque d'industrie. Ils sont en effet bien inférieurs aux pêcheurs majorquins et surtout aux Catalans, que l'on regarde généralement comme les plus habiles pêcheurs de la Méditerranée.

Les pêches que l'on fait à Iviça sont peu variées. On n'en fait même, pendant l'hiver du moins, que de deux sortes, dont les produits soient de quelque importance ; à savoir la pêche au boliche *et la pêche aux* palangres. *La première, destinée à prendre les poissons littoraux ; la seconde à prendre ceux de la haute mer.*

On donne à Iviça, ainsi que dans la plus grande partie de l'Espagne, le nom de boliche *(prononcez bolitché), à des filets du même genre que ceux que l'on désigne en France sous le nom d' aissaugue, de boulier, de bouliche. Ces filets consistent en deux grandes ailes réunies par une espèce de sac ou de poche. On les étale en demi-cercle, à une distance plus ou moins grande du rivage, puis les pêcheurs les tirent à eux également par les deux extrémités, au moyen de cordes, qui y sont fixées, et dont la longueur est proportionnée à la distance comprise entre le filet et le point fixe d'où on le tire. Ce point fixe sur la plupart des côtes est le rivage ; mais à Iviça, la nature de celui-ci ne le permettrait pas, et c'est d'un bateau à l'ancre que les pêcheurs de cette île tirent leur boliche. Celui-ci est lesté par son bord inférieur, de manière à gagner le fond. Le bord supérieur porte des morceaux de liège qui, par leur légèreté spécifique, tendent à l'écarter du fond et maintiennent ainsi le filet dans une position verticale. Les poissons renfermés entre les ailes sont naturellement conduits dans la poche qui les réunit ; on les y trouve lorsqu'on achève de retirer le filet de l'eau. A Iviça, cette pêche ne se fait que de nuit, circonstance dont je ne saurais bien me rendre compte ; car, dans d'autres pays, elle ne se fait que de jour. Les pêcheurs d'Iviça prétendent que de jour elle serait presque entièrement infructueuse pour eux : j'ignore jusqu'à quel point cette opinion est fondée.*

Le principal produit de cette pêche, qui emploie la moitié des pêcheurs de l'île, est le picarel *(sparus smaris), poisson petit et médiocrement estimé, mais dont l'abondance est telle, que la quantité que l'on en prend l'emporte sur les produits réunis de toutes les autres espèces. La principale consommation s'en fait par les habitants de la campagne ; on en sale une petite quantité. Parmi les autres espèces, que l'on prend aussi avec les boliches, les plus communes sont le bogue, le sparaillon, la mendole, le morme (sparus boops, spar. annularis, spar. moena, spar. mormyrus), le gascon (scomber trachurus), le scombre à vessie (sc. pneumatophorus), le rat (uranuscopus scaber), le joel (atherina hepsetus), la sardine (clupea sprattus), l' aiguille (esox. belone), etc.*[96].

La pêche aux palangres se fait presque toujours au large. Elle donne des produits plus variés, mais moins abondants et moins assurés que celle dont je viens de parler. Les poissons que l'on prend par son moyen, sont d'un plus grand volume que ceux qui se prennent avec les boliches. Les plus communs sont des raies et des squales de diverses espèces ; le grondin (trigla lyra, juriola*), le perlon (tr. Cuculus,* gallineta*), le pagre (sparus argenteus var.), le pagel (sparus erythrinus), la canthère (sp. cantharus,* cantara*), le congre (muraena conger), la perche de mer (holocentrus marinus,* vaca*), le seran (lutjanus seran), le mérou (holocentrus gigas,* anfos*), la mole (phycis mediterraneus,* mollera*), le labre à trois tâches (labrus trimaculatus), le tourd (l. turdus,* massot*), le labre appelé à Iviça* pastenaga, *l'ombre (sciaena nigra,* corba*)*[97]*. La pêche au* boliche *et la pêche aux palangres sont, ainsi que je viens de le dire, les seules qui, pendant l'hiver, donnent à Iviça des produits un peu considérables ; on en fait de plus variées dans d'autres saisons. C'est ainsi qu'au printemps on établit quelquefois entre cette île et celle de Formentera, les filets compliqués qui servent à prendre le thon, et que l'on connaît sous le nom d'*almadrava *(madrague). En été, la surface de la mer fourmillant de poissons, on y laisse flotter les palangres, en les soutenant au moyen de morceaux de liège, que l'on y fixe de distance en distance.*

---

[96] Dans le "Tableau des espèces de poissons que j'ai observés à Iviça pendant les mois de décembre, janvier et février" qui fait suite aux observations sur les pêches à Ibiza, Delaroche inscrit en face du nom latin l'appellation habituelle du poisson dans l'île. Les dix poissons précédemment cités correspondent pour lui à *boga, esparay, madre soldat, mabre, sorell, caballa, rata, chuclet, sardina et aguja.*

[97] Dans cette seconde liste, le premier nom est le nom français et l'appellation locale relevée par Delaroche vient entre parenthèses après le nom latin.

Dans le commencement de l'automne, il se fait une pêche assez remarquable, qui paraît être propre aux îles Baléares et Pithyuses, et aux rivages méridionaux de l'Espagne. Elle est uniquement destinée à prendre un poisson appelé lampuga [98]. *Ce poisson, dont je n'ai vu que des individus salés, appartient au genre "coryphoena". Il m'avait paru être l'espèce que Linné a désignée sous le nom de pompilus, mais je n'ai pu m'en assurer, n'en ayant point rapporté d'individu ; je croirais même plutôt maintenant que c'est le "coryphoena chippurus", tout ce que rapporte Rondelet de ce dernier poisson s'accordant parfaitement avec ce que les pêcheurs m'ont raconté de la* lampuga. *Rondelet, d'ailleurs, dit lui-même que les Espagnols lui donnent le nom de* lampugo. *Hors le temps de la pêche, qui commence à une époque fixe, que j'ai négligé de noter, on ne prend jamais aucun individu de* lampuga. *Dans ce temps, au contraire, ce poisson est d'une extrême abondance, ce qui permet d'en saler une grande quantité.*

Voici comment se fait cette pêche. Peu de jours avant l'époque où le poisson doit paraître, les pêcheurs se rendent dans le lieu où ils ont l'intention de l'établir, portant sur leur bateau de gros faisceaux d'écorces de liège qu'ils jettent à la mer, en laissant entre eux d'assez grands espaces. Chacun de ces faisceaux tient, par le moyen d'une corde suffisamment longue pour atteindre le fond de la mer, à une grosse pierre qui sert à le maintenir dans le lieu où on l'a placé. C'est autour de ces faisceaux de liège que les lampugas *se rassemblent, peut-être, ainsi que le pensent les pêcheurs, pour profiter de l'ombre qu'ils projettent dans l'eau. Lorsqu'ils y sont rassemblés en assez grande quantité, les pêcheurs entourent un des faisceaux, avec un filet, qu'ils désignent sous le nom de* lampuguera, *et dont la forme a quelque rapport avec celle des bouliches ; puis ils tirent à eux les deux extrémités du filet dont les bords, par l'effet de*

---

[98] La lampuga correspond en français à la dorade coryphène, encore très abondante de nos jours en septembre et octobre.

cette simple traction, se rapprochent de façon à former une espèce de sac, dans lequel se trouve renfermé le poisson, qui finit par se rassembler dans une poche située dans le milieu de la lampuguera. *Un seul coup de filet rapporte souvent une quantité de poisson égale à la charge que peut porter le bateau. Les jours suivants les pêcheurs jettent leur filet autour des autres faisceaux de liège, dont le même peut cependant servir à plusieurs pêches.*

La circonstance la plus remarquable de cette pêche, est la manière dont se fait l'apparition des lampugas. *Les pêcheurs se sont tous accordés à m'affirmer que dans les premiers jours on n'en prenait que de petits individus ; que de jour en jour on en voyait de plus gros, les petits disparaissant à mesure ; et qu'enfin, au bout de huit jours, il n'y en avait plus que des individus de la longueur de trois ou quatre décimètres, grandeur qu'ils conservent pendant tout le reste de la durée de la pêche. Ils prétendent tous que ce phénomène est dû à la prodigieuse rapidité de l'accroissement du poisson, opinion qui est contraire à ce que l'on connaît de la lenteur avec laquelle se fait l'accroissement des autres espèces, et que l'on ne peut, en conséquence, adopter sur de pareils fondements. Je ferai néanmoins remarquer qu'Aristote (Hist. des anim. liv. 5, chap. 10) avait déjà attribué une grande rapidité d'accroissement à son" ippuros", qui paraît être la "coryphoena hippurus" de Linné ; et que Rondelet, en parlant de ce dernier poisson, qui, ainsi que je l'ai dit plus haut, pourrait bien être le même que la* lampuga *des Espagnols, rapporte qu'en Espagne on en élève dans des nasses, où ils croissent avec une rapidité telle, qu'on aperçoit de jour en jour leur progrès.*

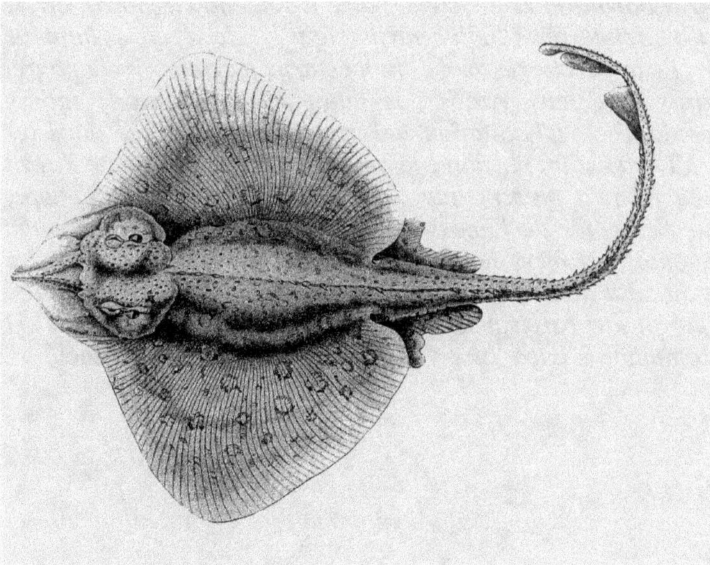

RAJA RADULA La raie commune à Ibiza.

Les poissons qui sont le produit de ces différentes pêches appartiennent la plupart aux espèces que l'on trouve sur nos côtes méridionales, et cela ne doit pas surprendre si l'on fait attention au peu d'éloignement où Iviça est de la France. Cependant quelques uns d'entre eux, la plupart inconnus aux naturalistes, paraissent étrangers aux mers qui avoisinent les côtes de France, tels sont la scorpène dactyloptère, le pleuronecte podas, le spare à dents aiguës, la raie,(rapé)*, la murénophis unicolore, l'apterichte aveugle, la murène des îles Baléares, l'holocentre à mâchoire ponctuée. D'autres espèces communes à Iviça sont fort rares en France, ce qui donne à la poissonnerie de cette île un aspect fort différent de celle de nos ports. C'est ainsi qu'on y voit en abondance la murène, ("murenophis elena") ; la mole, ("phycis mediterraneu") ; la* *sciene à barbillon et la sciene noire ("sciaena cirrhosa" et" s. nigra") ; le mérou, ("holocentrus gigas") ; le séran, ("lutjanus seran") ; la perche de mer, ("holocentrus marinus") ; le pagre, ("sparus argenteus, var.") ; le labre à trois tâches, ("labrus trimaculatus"). L'habitation de cette dernière espèce dans les mers d'Iviça est un phénomène assez remarquable. On ne l'avait trouvée jusqu'à présent que dans celles du nord de l'Europe, autour des côtes de l'Ecosse et de Norvège. Elle est inconnue dans toutes les mers tempérées de l'Europe ; elle l'est sur les côtes du midi de la France, et à ce qu'il paraît sur celle d'Italie. Elle paraît fort rare sur les côtes d'Espagne et cependant elle est très commune à Iviça, où on la connaît sous le nom de* cenot.

Note :

Le *Tableau des espèces de poissons observées à Iviça* qui fait suite à ces observations consiste en l'énumération de soixante-treize poissons dotés de leur nom en latin suivi de l'appellation locale fournie par les pêcheurs ayant collaboré aux travaux de F. Delaroche durant l'hiver 1807-1808. Chaque espèce est accompagnée d'un bref commentaire indiquant la provenance de l'individu observé (littorale ou pélagique) ainsi que sa fréquence et ses dimensions habituelles. Un deuxième tableau distingue les quatorze poissons non observés à Ibiza ou Formentera mais que Delaroche rencontra à Majorque et ensuite à Barcelone, parmi lesquels le *pelud*, ou *peludet* ("pleuronectes microchirus") et curieusement le *gall* ("zeus faber", saint-pierre).

La suite du mémoire consacré par l'auteur à ses observations ichtyologiques aux Baléares consiste en une analyse détaillée des poissons déjà listés et rapportés au Muséum dans ses bocaux. Il s'y intéresse plus particulièrement aux espèces qui pour les savants européens de l'époque étaient alors inconnues ("muraena Balearica", -*varga*-, "callionymus pusillus", “scorpoena dactyloptera”, *-seran imperial-*, “holocentrus siagnotus”, *-tres libras-*, etc.).

A noter également que l'ensemble du mémoire est suivi de six planches de gravures où sont représentés un choix de 18 poissons. La gravure représentant la raie provient de ce lot d’images issu des Annales du Muséum d’Histoire naturelle.

MONUMENT A JULES VERNE A LA MOLA DE FORMENTERA

Inauguration en septembre 1978 (photo Mogens Egil)

Index de noms de lieux et de personnes

Albarca, (ou *Aubarca*). Toponyme ancien attribué à la commune de San Mateo (Sant Mateu d'Albarca) à Ibiza. La *cala* (calanque) d'Albarca est la baie située au nord-est du Campvell où accostait le navire assurant les communications entre le port d'Ibiza et la station. La Mola d'Albarca est le nom local de la montagne (arrondie et point très haute) du Campvell.

Archiduc, voir Habsbourg.

Bailén. Ville d'Andalousie qui, le 19 juillet 1808, vit la première défaite des troupes napoléoniennes en Espagne et la capitulation du général Dupont et ses vingt mille soldats. Ce revers fut le déclencheur de la résistance acharnée des *guerrilleros* et pour les Français le début des trois années du "guêpier espagnol".

Cabrera. Petite île située au sud de Majorque à moins de 15 km de la côte.

Can Joan Mayans. Appellation familière de la maison située au lieu-dit de la Talaiassa, point culminant de l'île de Formentera.

Can Lladalt. Maison où s'installa José Rodriguez, sur le flanc sud du Campvell, appelée aussi *casa de la Comissió* quand elle devint le siège de la station géodésique d'octobre 1806 jusqu'à la fin des opérations.

Cala : calanque, plus grande que *caló*, petit abri côtier.

Caló de Sant Agusti. Embarcadère au pied de la Mola de Formentera par lequel transitaient la plupart des communications et du commerce de la Mola avec l'extérieur.

Campvell, ou *Campvey*, parfois *Camp Vell*. Montagne située au nord-est du village de Sant Mateu d'Albarca, haute de 400 mètres, appelée aussi Mola d'Albarca.

Charles IV, ou Carlos IV, de Bourbon. Roi d'Espagne de 1788 à 1808, petit-fils de Philippe V, lui-même petit-fils de Louis XIV.

Cullera. Ville de la côte valencienne à mi-distance de Valence et de Denia, au château de laquelle Méchain avait prévu de créer la station qui sera finalement installée au Montgo.

Delambre, Jean-Baptiste, (1749-1822). Membre du Bureau des longitudes à qui J.-B. Biot adressa sa correspondance durant toute la durée des opérations en Espagne à son domicile du 1, rue de Paradis à Paris. En compagnie de P. Méchain, il mesura l'arc de méridien entre Dunkerque et Barcelone.

Delaroche François (1780-1812). Médecin et ichtyologue suisse, fils de Daniel Delaroche, médecin de duc d'Orléans. Ils moururent tous deux à Paris en 1812 lors d'une épidémie de typhus.

Denia. Port situé à une dizaine de kilomètres au nord du Cap de la Nao, point de la péninsule ibérique le plus proche des îles Baléares. La ville est dominée par le mont Montgo, haut de 753 mètres.

De Palacios, Antonio. Commandant militaire du port d'Ibiza. Homme, selon Biot, « d'une probité rigide et même austère », la Commission lui avait confié l'argent dont elle disposait aux

Pithyuses. Il se l'appropria à la faveur des troubles du printemps 1808 et des débuts de la guerre contre les Français.

Desierto de las Palmas, ou Desert de les Palmes, en valencien. Monastère carmélite existant depuis le dix-septième siècle, situé à cinq kilomètres au-dessus de Benicassim (Castellon de la Plana). Des moines y résident encore de nos jours. (Nous avons opté pour l'acception *Desierto de las Palmas*, en castillan.)

Dragonera. Îlot long de 5 km, situé à l'extrême ouest de Majorque, dont la longitude (2° 20 E) est équivalente à celle de l'Observatoire astronomique de Paris.

Espalmador. Îlot contigu à l'île de Formentera, situé dans les Freus, le détroit qui la sépare, au nord, de l'île d'Ibiza. S'y dresse une tour de guet, l'une des cinq construites au dix-huitième siècle pour assurer la défense de Formentera.

Espardell. Îlot situé dans la rade d'Ibiza à 5 km à l'est d'Espalmador, sur la route directe reliant le port d'Ibiza à la calanque de Sant Agusti, au pied de la Mola de Formentera.

Ferrer, Marc. Marin et commerçant ibizain qui se vit attribuer par le roi en 1695 et 1698, de grandes terres sur l'île de Formentera inhabitée depuis trois siècles. Ses deux filles, leurs époux et leur descendance mirent en oeuvre le repeuplement de l'île dès le début du dix-hutième en accordant des baux emphytéotiques à des cultivateurs venus d'Ibiza.

Freus, les. Détroit de 4 km séparant l'île d'Espalmador de la pointe des Portes, sur l'île d'Ibiza.

Gay-Lussac Louis, (1778-1850). Physicien et chimiste français, membre de la société d'Arcueil, qui découvrit le phénomène de dilatation des gaz et étudia le magnétisme terrestre.

Godoy, Manuel, (1767-1851). Officier de la garde royale, il fut remarqué par la reine Maria-Luisa qui le fit accéder en 1792 au poste de *Président du Cabinet* (premier ministre), aux dépens du comte de Floridablanca destitué par le roi. Il exerça durant le règne de Charles IV l'essentiel du pouvoir en Espagne et suivit le roi et la reine en exil à Valençay en 1808.

Greenwich. Banlieue de Londres où fut édifié l'observatoire royal anglais, dont le méridien a été choisi pour méridien d'origine universel.

Habsbourg-Lorraine, Louis Salvador (1847-1915). Archiduc autrichien qui, à la suite d'un premier voyage aux Baléares en 1867, puis d'autres en 1885 et 1898 accumula la matière d'une œuvre importante sur les îles de ce temps, accompagnée de nombreuses illustrations, généralement de sa main, *Die Balearen*, editée à Leipzig. Il acquit plusieurs *possessions*, à la fois fermes et maisons seigneuriales, dans la Sierra de Tramuntana de Majorque et y résida fréquemment.

Hierro. Île des Canaries, la plus occidentale de l'archipel, à 18 degrés de longitude Ouest, qui servait, avant la création de l'observatoire de Cadix au dix-huitième siècle, de référence cartographique à la marine espagnole pour le calcul des longitudes.

Humbolt Alexander, (1769-1859). Explorateur et géographe prussien qui vécut longtemps à Paris. Il fréquenta beaucoup d' hommes de science français parmi lesquels souvent J.-B. Biot et sa femme. Il devint ami très proche d'Arago à qui il adressa pour le féliciter la première lettre que ce dernier reçut à Marseille à son retour d'Alger en juillet 1809.

Ibiza, en catalan Eivissa. Les Français de l'époque l'appellent Yvice, Ivice ou parfois Iviça. Elle forme avec Formentera l'archipel des Pithyuses, autrefois distinct de celui des Baléares (Majorque et Minorque). Elle fut avant Jésus-Christ un grand centre artisanal, commercial et religieux des Phéniciens. Occupée par les Romains, puis par les Arabes au Xe siècle, elle fut, sous l'égide de l'archevêché de Tarragone, reconquise en 1235.

Maçons, puig des, (*des Massons*, ou *des Masons*). Colline d'Ibiza haute de 374 mètres au-dessus de Sant Joan au nord-est de l'île. A son sommet restent diverses traces, probables, des travaux de Méchain ainsi que d'une ancienne borne territoriale remontant à la conquête catalane du XIIIe siècle.

Mola de Formentera. Plateau situé à l'est et très différencié du reste de l'île, s'élevant à une altitude moyenne de 150 mètres et culminant à la Talaiassa (192 m).

Mola de l'Esclop, parfois *l'Es Clop*, ou comme le dit Arago, *Es Clob* (926 m). Avec le Puig de Galatzo, son voisin, ce sont, au nord-ouest de Palma, les deux plus hautes montagnes de ce segment de la Sierra de Tramuntana.

Montjuich. Colline haute de 200 mètres au sud de Barcelone dont la forteresse domine toute la ville.

Montgo, (en castillan, Mongo). Petite chaîne montagneuse longue de 6 km culminant à 753 mètres qui se prolonge par le cap de San Antonio, au nord du cap de la Nao. Il domine les ports de Denia et Javea (Xabia).

Nuestra Señora del Pilar. Église édifiée au dix-huitième siècle sur le plateau de la Mola de Formentera qui donne aujourd'hui son nom à la petite agglomération qui s'est formée autour d'elle.
Puig Major. Situé au nord-est de la Sierra de Tramuntana, c'est la plus haute montagne de l'archipel des Baléares avec 1 443 m d'altitude.

Pithyuses. Nom donné jusqu'au dix-neuvième siècle à l'archipel formé par les îles d'Ibiza, de Formentera et les îlots qui en dépendent, Espalmador, Espardell, Es Vedra, Tagomago, etc. Etymologie grecque évoquant la présence de pins.

Puig. En français, puy. Type de montagne de moyenne altitude.

Sant Antoni (en castillan, San Antonio), Sant Joan (San Juan), Sant Josep (San José), Sant Mateu (San Mateo), Sant Miquel (San Miguel), etc. A partir de 1980 environ, en Catalogne et aux îles Baléares, la topographie a définitivement adopté la langue catalane pour ses désignations. Nous avons souvent, dans les citations d'époque restitué la toponymie en usage au dix-huitième et dix-neuvième siècles, établie en langue castillane: Mongo, Masons, Campvey, Desierto, etc.

Société d'Arcueil. Groupe informel de savants qui se réunissaient tous les quinze jours à Arcueil, près de Paris, chez Claude Berthollet ou chez Laplace qui y possédaient tous deux une maison. Parmi eux, Jean-Baptiste Biot, Collet-Descotils, Louis Gay-Lussac, Alexander Humboldt, le chimiste Thénard, Etienne Malus, le botaniste genevois de Candolle ainsi que François Delaroche qui y fut associé dès 1808. Les passionnants mémoires édités par la Société sont disponibles à la Bibliothèque Nationale de France.

Soler, Miquel Gaieta, (1746-1809) appelé en espagnol Miguel Cayetano Soler. Natif de Palma de Majorque, il fut commissaire et assesseur du gouvernement royal aux îles Pithyuses à partir de 1784 jusqu'à 1798 où il fut nommé à Madrid secrétaire des Finances. En 1809, après la chute de Godoy, il dut fuir la capitale et fut arrêté sur une route d'Andalousie par des vignerons qui le prirent pour un général français. S'identifiant comme étant le secrétaire des Finances, il fut assassiné par les viticulteurs mécontents de la succession d'impôts iniques sur le vin dont on le jugeait responsable.

Talaiassa. Augmentatif de *talaia*, (en espagnol *atalaya*) signifiant lieu d'où l'on surveille le lointain ; donc *talaiassa* : point de guet majeur. A Formentera, toponyme attribué au site environnant le point culminant du plateau de la Mola et à la maison qui y est construite.

Tofiño, Vicente. Brigadier de l'armée royale, capitaine de vaisseau, l'un des premiers cartographes espagnols des temps modernes. En compagnie de José Vargas Ponce, il effectua en 1783 la première mission de relevés des côtes d'Ibiza et de Formentera. Il fit plusieurs voyages à Paris et collabora avec le Bureau des longitudes dans la préparation des missions de Méchain.

Tramuntana, sierra de. Chaîne de montagnes rectiligne occupant toute la côte nord de l'île de Majorque et culminant au Puig Major, haut de 1 443 m.

Tur Damia. Nom de la famille de l'un des gendres de Marc Ferrer qui devint propriétaire, entre autres, d'une grande partie des terres de la Mola de Formentera et détint l'essentiel des pouvoirs de l'île jusqu'au milieu du XIXe siècle.

Vargas Ponce, José. Géographe, auteur en 1784 de la première description scientifique des îles Pithyuses. Son ouvrage réunit aussi tout ce que l'on savait à l'époque de l'histoire ancienne de l'archipel.

Vedra. Îlot haut de 380 mètres situé à l'extrême sud-ouest de l'île d'Ibiza sur la commune de Sant Josep. Sa silhouette spectaculaire accompagne grande partie des paysages de Formentera.

Documentation et bibliographie

Aller Ramon Maria, *Don José Rodriguez Gonzalez , o matematico de Bermés*, Arquivos do seminario de estudios galegos, III, 27-95, Santiago de Compostela, 1929.

Arago François, *Histoire de ma jeunesse*. Paris, Christian Bourgois,1985, ou in *Œuvres complètes*, tome I.

Arago François, *Mesure de la méridienne de France,* Oeuvres complètes, t. XI, 1856.

Biot Jean-Baptiste, Lettres à Delambre, Observatoire de Paris, Ms 1054.

Biot Jean-Baptiste, *Notices sur les voyages entrepris pour mesurer la courbure de la Terre et la variation de la pesanteur terrestre sur l'arc du méridien compris entre les îles Pythiuses et les îles Shetland*. Paris, Académie des Sciences, 1818.

Biot Jean-Baptiste, *Notice sur les opérations faites en Espagne pour prolonger la méridienne de France jusqu'aux îles Pithyuses, lue à la séance publique de la classe des Sciences physiques et mathématiques pour l'année 1810*. in Mémoires de l'Institut National, 1818, Histoire, p. XCV-XCVI.

Biot J.-B. et Arago F. *Recueil d'observations astronomiques, géodésiques et physiques, exécutées par ordre du Bureau des*

Longitudes de France, en Espagne, en France, en Angleterre et en Ecosse, pour déterminer la variation de la pesanteur et des degrés terrestres sur le prolongement du méridien de Paris, Vve Courcier, Paris, 1821.

Biot Jean-Baptiste, *Sur la nature de l'air contenu dans la vessie natatoire des poissons*, in Mémoires d'Arcueil, 1807, I, pages 252-281.

Blat Vicent Maria, *Historia del Desierto de las Palmas*, Castellon, 1993.

Daumas Maurice, *Arago, la jeunesse de la science*, éditions Belin, Paris, 1987.

Debarbat Suzanne et Ten Antonio, *Mètre et système métrique*, Observatoire de Paris et Université de Valence, Valencia, 1993.

Delaroche François, *Observations sur des poissons recueillis dans un voyage aux îles Baléares et Pythiuses*, Annales du Muséum d'Histoire Naturelle, t. XIII. Paris, 1809.

Fugier André, *Napoléon et l'Espagne*, (2 vol.), Paris, 1957.

Grasset de Saint-Sauveur André, *Voyage dans les îles Baléares et Pithyuses dans les années 1801, 1802, 1803, 1804 et 1805*, Paris. (1807).

Habsbourg-Lorraine Archiduc Louis Salvador, *Die Balearen*, Leipzig, 1869. En traduction espagnole augmentée, *Las Baleares* et *Las antiguas Pityusas*, 2 volumes, traduit par F.M. Herreros, Palma de Majorque, 1886-1890.

Llabres Bernal Joan, *Noticias y relaciones historicas de Mallorca*, Imp. Soler, Palma de Majorque, 1959.

Macabich Isidor, *Historia de Ibiza* (5 vol.), Palma, éditions Dedalus, 1966-1970.

Mari Cardona Joan, *Illes Pitiüses* (6 vol.), Ibiza, Institut d'Estudis Eivissencs, 1976-1990.

Moreu-Rei Enric, *El naixement del metre*, Palma, editorial Moll, 1956.

Ortega Elena, *François Arago y Mallorca*, Palma, Miquel Font editor, 1999.

Posadas Lopez Eduardo, *Torres y Piratas en las islas Pitiusas*, Conselleria de Cultura, Eivissa, 1989.

Ten Antonio, *Medir el metro*, Cuadernos Valencianos de Historia de la Ciencia, Valencia, 1996.

REMERCIEMENTS

La réalisation de cet ouvrage a bénéficié de la confiance, de l'aide et de la contribution de Christine et Gérard Offray, Elena Ortega, Jacques Petit-Jean-Boret, Antonio Ten et David Vergara. Merci à chacun.
Il est dédié à Jean-Pierre Hénoque, à Michel Augsburger, à leur mémoire.

L'HARMATTAN, ITALIA
Via Degli Artisti 15 ; 10124 Torino
L'HARMATTAN HONGRIE
Könyvesbolt ; Kossuth L. u. 14-16
1053 Budapest
L'HARMATTAN BURKINA FASO
Rue 15.167 Route du Pô Patte d'oie
12 BP 226
Ouagadougou 12
(00226) 50 37 54 36
ESPACE L'HARMATTAN KINSHASA
Faculté des Sciences Sociales,
Politiques et Administratives
BP243, KIN XI ; Université de Kinshasa
L'HARMATTAN GUINÉE
Almamya Rue KA 028
En face du restaurant le cèdre
OKB agency BP 3470 Conakry
(00224) 60 20 85 08
harmattanguinee@yahoo.fr
L'HARMATTAN CÔTE D'IVOIRE
M. Etien N'dah Ahmon
Résidence Karl / cité des arts
Abidjan-Cocody 03 BP 1588 Abidjan 03
(00225) 05 77 87 31
L'HARMATTAN MAURITANIE
Espace El Kettab du livre francophone
N° 472 avenue Palais des Congrès
BP 316 Nouakchott
(00222) 63 25 980
L'HARMATTAN CAMEROUN
Immeuble Olympia, face à la Camair
BP 11486 Yaoundé
(237) 458.67.00/976.61.66
harmattancam@yahoo.fr

589607 - Décembre 2014
Achevé d'imprimer par

1livre.com
du rêve à la réalité !

www.ingramcontent.com/pod-product-compliance
Lightning Source LLC
LaVergne TN
LVHW010953061026
849535LV00006B/1695
9782296038745